U0193166

另一个角度看世界

宇航员乌尔里希·沃尔特

漫谈生命

〔德〕乌尔里希·沃尔特/著

杨耘硕/译

地震出版社

Seismological Press

图书在版编目（CIP）数据

另一个角度看世界：宇航员乌尔里希·沃尔特漫谈
生命/（德）乌尔里希·沃尔特著；杨耘硕译. — 北京：
地震出版社，2022.1
ISBN 978-7-5028-5163-7

Ⅰ. ①另… Ⅱ. ①乌… ②杨… Ⅲ. ①空间科学－生
命科学－普及读物 Ⅳ. ①V419-49

中国版本图书馆CIP数据核字（2021）第095011号

First published in German Language under the title: Eine andere Sicht auf
die Welt by Ulrich Walter,1st Edition 2018 by Komplett Verlag GbmH,
Grünwald,Germany. All rights reserved. www.komplett-media.de
Translated into Simplified Chinese Language through mediation of Maria
Pinto-Peuckmann, Literary Agency, World Copyright Promotion, Kaufering,
Germany, (maria@pinto-peuckmann.de) and Co-Agency Rightol Media
Limited, Chengdu, China 610074, (copyright@rightol.com)

著作权合同登记　图字：01-2021-6724
地震版XM4518/V(6074)

另一个角度看世界：宇航员乌尔里希·沃尔特漫谈生命

（德）乌尔里希·沃尔特　著　杨耘硕　译

责任编辑：李肖寅

责任校对：王亚明

出版发行　**地震出版社**
　　　　　北京市海淀区民族大学南路9号　　　　　邮编：100081
　　　　　发行部：68423031　68467991　　　　　传真：68467991
　　　　　总编室：68462709　68423029
　　　　　编辑四部：68467963
　　　　　E-mail：seis@mailbox.rol.cn.net
　　　　　http://seismologicalpress.com

经销：全国各地新华书店
印刷：北京柯蓝博泰印务有限公司

版（印）次：2022年1月第一版　　2022年1月第一次印刷
开本：880×1230　　1/32
字数：180千字
印张：9
书号：ISBN 978-7-5028-5163-7
定价：49.80元

特别声明

本书所有部分（包括文字和插图）均受到版权法保护，除版权法明确许可的应用之外，其他任何针对本书的应用行为均需要出版商的书面许可，包括但不限于复制、加工、翻译、制作缩微胶卷存储、在数字系统中存储和加工以及在公共平台公开本书内容等。

前言：换一个角度看世界

关于太空之旅，人们问我最多的问题莫过于"在执行任务的过程中，你印象最深的是哪三件事。"

对此，我可以不假思索地回答："航天器的发射、望向地球的目光，还有失重的体验。"

飞船的发射绝对要排在第一位。想象一下吧，仅仅8分半钟，重达2200吨的起飞推力便将航天器送入了太空，在这个过程中产生的身体负荷会让很多宇航员忘记呼吸。那种将自己暴露在各种力量之下的无助感，对每一名宇航员来说都是刻骨铭心的。发射阶段的压力以及太空中失重的感受，绝对与我们在地球上收获的一切经历都不一样。如果你还想了解更多，不妨读一下我的另一本书《穿越时空的地狱之行》的第一章。

好不容易熬过了这8分半钟的飞行，我们终于进入了太空，也终于有了几分钟闲暇时光，此时，每一个宇航员都会迫不及待地透过身旁的小窗户向外观望。我清晰地记得自己第一眼看到地球时的感受：放眼望去，那一望无际的蓝色便是太平洋了，而在太平洋上空，一片片白云在太阳的照射下，犹如镶了金边的小桌布。毫无疑问，从这个角度观赏地球着实很美妙，然而我却总会忍不住问自己，为什么此时的地球会令我如此难忘？在科研任务面前，欣赏美景本是次要的。作为一名科研人员，我在空间站中的任务是在失重环境下完成各种令人着迷的实验，这些实验会让科学界获得新的知识线索，最终令全人类受益，这才是宇宙航行应当为人类带来的价值。

　　在完成任务返回地球之前，我一直都这么觉得，然而自此之后，几乎再没有人问过我本次任务的科研成果，相反，我被问到的问题几乎总是与一些人之常情相关：失重的感觉怎么样，你们在太空中吃什么，怎么睡觉……当然还有一个问题肯定少不了，那便是地球在太空中的样子看起来如何。我们为宇航尖端科技花了这么多钱，但最后人们感兴趣的却是宇航员眼中的地球以及太空之行给宇航员本人带来的改变，这着实令人费解。

　　带着矛盾和疑惑，我又一次读起了宇航员阿尔弗莱德·沃尔登（Alfred Worden）曾写下的文字。沃尔登曾于1971年7月登上月球，并在月球表面完成了自己的科研任务，工作的间隙，他也会时不时抬起头来观赏地球。太空中的沃尔登曾说过一段意味深长的话："现在我终于明白为何要来到此处——不为观察月球，只为抬头回望——望向地球，望向我的家乡！"

他说的没错！当然，航天科技肩负着运用新技术帮助人类进步的重任，但我逐渐相信，在科学层面之外，航天科技还做出了一项更大的贡献，一项我们虽然已经感知到，但却从未意识到的贡献：我们的思维会因为在太空中观察地球而改变，借助航天科技带来的新视角，人类将会用与以往完全不同的方式来看待自己居住的星球，同时也会重新认识自己；我们可以站在更遥远的地方，从全新的角度来观察自己的生活，正是这种观察，让我们对自然，同时也对我们自己有了更深层次的领悟。

实际上，我们可以将航空技术的突飞猛进视作第二次哥白尼革命。哥白尼的学说让我们明白了自己并非宇宙的中心，而太空航行让我们有机会以俯瞰的视角观察地球，用自己的双眼来感受在太空中这段独特的距离。从这个意义上来说，阿波罗计划真正的成果并非那些关于月球起源以及成分构成的新发现，而是那些为数不多，但却被不断展出的在月球上拍摄的地球的照片。在这些照片中，地球就如同圣诞树上的一颗小小的装饰球。这些照片上的景象让我们明白，虽然人类居住的地球如同一颗美丽的珍珠，但在浩瀚的宇宙中，它也只是一颗孤独的小珍珠而已。对于这组照片，丹麦科学记者陶·诺瑞钱德（Tor Norretranders）的评论是：

"这个发人深省的外部视角会触发人类意识观念的剧变，其剧烈程度好比我们第一次从镜子中观察自己时内心变化的程度。"

在太空中观察地球，就是在太空中观察我们自己，这种观察会让我们明白地球上每一个个体之间的相互关系，以及我们在宇宙中的地位，这才是太空航行真正的魅力所在，因此，未来的太空旅游一定会对我们针对自己和地球的观念产生巨大的影响，其影响力绝对会比人类有史以来所有文学作品加起来还要大。太空旅游会给我们每个人的认知带来巨大的改变，就如同沙特王子苏丹·本·萨勒曼·阿绍德（Sultan bin Salman Al–Saud）所说的那样——阿绍德曾于1985年作为被邀请的客人乘航天飞机进入太空（他实际上是人类第一位太空游客），并在此后说了一段著名的话："第一天，我们都会望向自己的祖国；第三天、第四天，我们会关注自己所在的大洲；到了第五天，我们的眼中只有地球。"

在地球轨道上欣赏过地球美景的每一个人，都注定会经历这种视角的转变。

这种视角的转变，相信每一个没有离开过地球的人也都以各种各样的方式经历过，比如那些像我一样在乡镇、村庄或小城市里长大的人，他们都曾拥有美好的童年：田野、草地、农场和森林，这些都是他们可以玩耍折腾的地方；回到家中，生活永远是熟悉的节奏，日复一日，循规蹈矩，这便是小孩子眼中的美好世界，在他们的脑海中，地球村的每个角落都是这么美好，但总有一天，我们会为了上学或完成职业培训而搬到大城市，那里的生活激情四溢，尤其夜生活更是如此，这十分符合青年人的胃口——我们的世界变了，我们开始对别的事情、别的文化感兴趣，我们会遇到不同的人、不同的观点、不同的视角，日复一日。

经历了几年的喧嚣之后，我们还是会回到家乡，这里才是我们真正的家。然而眼前的一切却和记忆中的完全不同：街道仿佛变窄了，从家到学校的那段路也不像记忆那么漫长了，这里的场景就如同一个玩偶之家，但曾经的一切却都还在，宛如昨日。

对于那些在异国他乡、在完全不同的文化中生活过几年的人而言，这种改变会更加强烈。在美国待过几年的德国人一定更容易理解为什么那里的人会坚持拥有武器的权利，为什么他们会反对强制医疗保险——对于一直生活在德国的德国人而言，这些都是难以想象的。

如果将观察的距离拉长，我们的思维方式会发生多大的改变？假如我们能够在几百千米之外看到大陆的全貌，假如我们发现村落间、城镇间、国度间的界限全都是地理课上那些标画了各种界线的地图灌输给我们的，但我们却一直相信它们的存在……我们会发现世间本无边界！如果我们能像阿绍德一样在地球轨道上看地球，或者像沃尔登那样站在月球上看地球，我们便会发现眼前只有一个个大洲和一片片辽阔的海洋，只有这样的视角才会让人真正明白，我们彼此共享的事物一定会比那些将我们隔离开的事物更有价值——我们都在一条船上生存，这条船的名字叫作地球，这条在宇宙中航行的大船并不需要船长，没有什么外界因素能够帮助我们在这条船上生存，作为彼此依赖的个体，我们必须互相帮助，一旦这条船翻了，一切就都结束了——没有谁会去怀念我们，地球上的一切都会像 23 小时 59 分 50 秒之前一样，只是没有了人类的存在而已。在人类出现之前，地球曾经"过得很好"；假如人类消失了，地球也依旧可以"过得很好"。

在绝大多数情况下，只有从太空中归来之后，我们的思维方式才会发生这种转变，如果有人问我"这次太空之行给你带来的最大变化是什么"，那我的答案一定是视角的转变。英文中有一个很合适的词，叫作 Overview Effect（总观效应），翻译成德语就是 Übersichts Effekt。

在获得了观察地球的新视角之后，我也开始反问自己：既然已经知道了离开地球会让人的心态发生改变，那我们能不能尝试着借助清醒的思考来让自己"脱离地球引力"，以新的方式来看待日常生活呢——即便我们内心可能会嫌麻烦、可能会不舒服，实际上，我本人已经成功地做到了这一点。从太空归来之后，我开始有意识地吸收一些与自己的思维恰恰相反的观点，起初是觉得好玩儿，但随着时光的流逝，我逐渐意识到这些来自不同视角的观点会散发出独特的魅力，即便我还不能马上认同其内容。这些观点让我们明白，成长环境已经给每个人的思维打上了文化的烙印，固有的思维方式已经根植于我们的内心。

这本书如同一本逆向思维的杂记，书中的成果都是我下意识地通过转变思考模式得出的。我在思考时并没有被那些常见的误区牵着鼻子走，而是力求客观，科学知识则会在思考的过程中助我一臂之力。我在大学阶段选择了自然科学类专业，打那时起，科学便成了我忠实的伙伴，让我不再在那些习以为常的观念中无谓地挣扎。我的一位同事（同时也是我的好友）常常将科学比喻成"思考的护栏"。

请不要担心，本书并非自然科学理论的著作，而是尝试回答以下两个问题：为什么我们的世界会变成今天这个样子？我们能否借助客观的知识和思考，让自己摆脱地球引力的束缚，清晰地俯瞰世界，从而对世界有一个全新的认识呢？

此时此刻，请做好准备，告别地球引力，收获全新的视角吧！

目　录

1

祈祷到底有没有作用?

在别人陷入困境,而你又想不出什么办法的时候,你会祈祷吗?又有谁没帮别人祈祷过,然后寄希望于自己的祈祷能奏效呢?话说回来,祈祷真的管用吗?

也许你已经想不起来上一次祈祷是什么时候的事了。这无所谓，因为祈祷已经至少帮你从心理上挺过了那一波危机。我们祈祷的重要原因之一便是祈祷的确对我们自己的内心有帮助。然而，祈祷对他人也有帮助吗？

　　遗憾的是，我们很难借助某些场景，从科学层面来证明造物主真的能够对世界施加影响力。但祈祷却是一个明确的反例，因为如果造物主是全善、全知、全能的，那么一旦我们迫切地请求他出马，那他一定会来帮助我们——至少基督教是这么说的，所以教会才会不断要求我们去祈祷。

　　祈祷究竟有用没用，这一点可以借助科学来判断。即便不是每一次祈祷都能管用（依照教会的说法，一部分苦难属于造物主的惩罚），但祈祷至少应当从宏观层面上带来一些积极的效果。医学专家已经通过两次大型盲测实验研究了祈祷的作用，并于 2005 年和 2006 年将调查结果发表在知名学术期刊《美国心脏杂志》和《柳叶刀》上，课题名称分别为"Mantra II"和"STEP"。他们将做过心脏搭桥手术的病人分成了三个小组，每组600人，此外还有三组基督徒，他们获得了前两组病人的姓名，以便能为病人祈祷——祈祷他们在术后康复的过程中远离并发症。第一组病人知道一定有人为自己祈祷，第二组病人得知可能有人会为自己祈祷，第三组病人同样只知道可能会有人为自己祈祷——实际上并没有。

那么，有人帮忙祈祷的病人，患并发症的概率究竟会不会低于那些没人祈祷的病人呢？后两组并不知道究竟有没有人为自己祈祷的病人（实际上第二组有，第三组没有），其患病率不具有统计学差异（51%及52%）；第一组明确知道有人祈祷的病人，其患并发症的概率为59%，明显高于其他两组！

依照研究者的说法，之所以会出现这个出乎意料的结果，主要是因为病人对生活的勇气以及他们自身的抵抗力受到了影响。因为他们心里明白，有人祈祷就意味着自己的情况不妙。这项实验已经有力地证明，三组基督徒的祈祷没有为心脏病人的术后康复带来积极的影响，祈祷是毫无用处的。

不过，有些人或许会认为仅仅依靠这个实验便断言造物主不存在，未免有些武断，难以令人信服。但无论如何，下面的结论是毫无疑问的：如果造物主不存在，那祈祷就是白费力气的；如果造物主真的存在，那我们的祈祷也没能成功地说服造物主惩恶扬善。一方面，造物主被描述成是大慈大悲的、通晓一切的、无所不能的存在；另一方面，我们常为

世间那些无法言喻的恐怖而祈祷，却发现这种祈祷毫无用处
——这个矛盾，令我们有理由断定造物主并不存在。我也终
于能理解，那些遭遇了命运打击的人，为什么总会怀疑自己
并不需要这样一位造物主了。

什么是真，什么是假？

——奥卡姆剃刀法则

在这个世界上，什么是真，什么是假？针对这个问题，网上的观点已经多得数不胜数，但真正有用的却只有一个——奥卡姆剃刀法则。

新一波全球经济危机为什么会来袭？一千个专家有一千种观点，究竟谁才是对的？如果专家无法达成一致意见，那我们到底该信谁的？

对于这个古老的问题，哲学家、数学家勒内·笛卡儿（René Descartes，1596—1650）已经给出了一个很好的答案："每当我想到同一件事情会有诸多不同的观点，每一种观点又都能在学者圈里找到属于自己的捍卫者，但其中却只有一种观点真正正确时，我便确信，一切可能成立的观点，都可能是错的。"

"世界是在公元前4004年10月23日诞生的。"

这个起源论看起来有模有样，但通常情况下，某个理论的支持者会认为自己的理论绝非"可能成立"，而是"确定无疑"，他们甚至会为此搬出证据。实际上呢？

举个例子吧：《圣经》宣称世界是在7天之内被创造出来

的，足智多谋的信徒借助《旧约》中的文字，得出了创世之日到基督诞生之间的年份数，试图反推出世界诞生之日的确切日期。其中一个自称计算最为精准的人，是1658年爱尔兰阿尔马城的大主教詹姆斯·乌舍（James Ussher），他声称，世界是从公元前4004年10月23日之前的夜晚开始的。

依照他的说法，我们应当在2018年庆祝"世界诞辰6021周年"。（对那些认为是6022周年的人，我想解释一下：我们的纪年法中不存在公元0年，公元前1年之后即是公元1年）。

假如没有那些固执的古生物学家（研究古生物化石的人），假如这些学者没有向教会展示这些恐龙和人类祖先的骨骼，并证明这些骨骼的年龄已经远远超过6021年，那我们一定会对上文中的说法深信不疑。

但这些骨骼能算物证吗？此类证据并非无可辩驳，因为可能有人会反问：你怎么知道这些化石的历史真的超过了6021年？

然后古生物学家会给出复杂的论证，例如借助放射性碳法和地质测定得出的数据，来证明它们确实存在了上万年。即便一切看似合情合理，但这些化石真能算是毋庸置疑的证据吗？

对此，美国的"神造论者"定会说"不"。他们的论点是："造物主把骨头放在了那些地方，并让骨头具备了某些特性，只为引诱古生物学家相信事实正如他们所说的那样。然而真相是：在公元前4004年10月23日之前，一切都是不存在的。"

人们可能会对这种论点嗤之以鼻，然而不屑的表情却并不能成为反驳的证据。古生物学家的论点在大多数人看来很有道理，但他们的观点又并非无懈可击。

话说回来，能证明世界年龄超过 6021 岁的确凿证据又在哪里呢？答案其实并不存在——正如教会也不能完全证明世界只有 6021 年的历史一样。

因此，我们获得了一个重要的认知：没有百分百可信的证据能够证明过去的事实。但我们不必对此感到惊讶。"过去"并不存在于任何地方，所以我们永远也无法穿越时间回到过去①。过去只存在于我们的脑海之中，唯一存在并且可以证明的是现在。如果想证明天空是蓝色的，那我要做的就是指着天空说："看呐，蓝蓝的天。"但我们该怎么证明发生在过去，并已经成为过去的事实呢？我们只能试图借助一连串论据，在现在的事实和过去所谓的"事实"之间建立尽可能合理的因果关系。但我们几乎无法证明这个因果链条是正确的，这便是问题所在。

这是否意味着我们不能针对过去做出任何可信的陈述？并不是！要做到这一点，我们多少可以借鉴一下科学界的做法。科学家也面临类似的本质问题：科学理论无法得到证明，

① 参见作者的另一本书《地狱之旅——穿越时空》中的一篇文章：《时光之行只有前进模式》。

8

只能证明某个结论存在或多或少的可能性。然而，在过去的几个世纪里，科学界在追寻自然真理的过程中已经获得了巨大的成功。如此看来，去伪存真的好方法肯定还是有的。

从根本上来说，去伪存真的方法，分为两种。

第一种是证伪法①，这种方法适合证明一些包含"全称量化逻辑"的命题。简单来说就是那些"绝对正确，没有例外"的描述世界的理论。基于可证伪原则，哲学家卡尔·波普尔（Karl Popper，1902—1994）最先对证伪法进行了详细的描述："什么是好的理论？这些理论什么时候是真的？"

然而证伪法的研究对象却与我们的日常生活几乎无关。我们要做的往往是能从一大堆不真实的或仅仅"可能存在"的理论中寻找出可能正确的理论。在挑选的过程中，科学界使用了一种因其名称而闻名的方法——"奥卡姆剃刀法则"。简而言之，就是用锋利的剃刀，将"可能的"与"不可能的"分开。有些时候，我们也简单地称其为"美丽原则"。

当然，这不是一把真正的剃刀。这是一位名叫奥卡姆（Ockham，1285—1349）的学者所采用的一种方法，该方法可以像使用剃刀那样，将真实的说法与错误的说法（包括听起来很有逻辑的错误说法）分离开来。

---

① 证伪法亦称为"否证法"，是一种借助反例来否定某些普遍性陈述的方法。——译者注

9

奥卡姆是英国圣方济各会①的修士，也是经院哲学派中的一位自然哲学家。人们将他的观点描述为"在非必要的情况下，不应设置多重性"，以及"在非必要的情况下，不应将事物多重化"。

实际上，奥卡姆并没说过这些话，而是仅仅表达过类似的意思，但这并不重要。哲学家路德维希·维特根斯坦（Ludwig Wittgenstein，1889—1951）认为，这两句话真正想表达的意思是"找到与事实相协调的、最简单的定律"。正如爱因斯坦说的："科学理论应该尽可能简单，但不能过于简单。"

爱因斯坦的这句话又是什么意思？他其实是想告诉大家，能够以最简单的方式解释某个事实的理论，是最应当被推崇的理论。这里的"简单"指的并不是理论叙述的简单，而是理论包含的无法证明的假设部分要尽可能少。

现在，就让我们用奥卡姆剃刀法则来解决一下世界的"年龄问题"吧。教会给出了一种可能的解释，但这种解释却基于一个无法证明的假设——必须存在一个想欺骗古生物学家的造物主。从"奥卡姆剃刀"的角度来看，这是一个不必要的、额外增加的假设。但古生物学家的理论却并不需要这类额外的假设。如此看来，古生物学家的理论更加简单，因

---

① 圣方济各会是 1209 年意大利阿西西城富家子弟方济各（Franciso Javier 1182—1226）得教皇英诺森三世的批准成立的"小兄弟会"。圣方济各会提倡生活清贫，其会士彼此间互称"小兄弟"，效忠教皇，反对异端，重视学术研究和文化教育事业。——译者注

此也更靠谱，更值得成为首选。

请注意，"奥卡姆剃刀"并非证据，只是一个有力的论据而已。如果没有其他论据，那么我们可以将它当成一个强有力的论据，帮助自己从众多理论中选择正确的理论。即便有更多深入的专业论证来支持或反对某个理论，但谁又愿意花费大量心血，最终掉进逻辑证据的无底洞呢？

"奥卡姆剃刀"能帮助我们快速找到方向，甚至还能在大多数情况下为我们提供正确答案。面对如此好用的工具，我们还能苛求什么呢？

3

造物主是数学家吗?

如果将自然比作一本书，那么数学是这本书的语言吗? 一旦细细品味一下科学，那我们就很可能会相信数学就是自然的语言，然而这个观点并非完全正确。

数学将人类分成了两个阵营，那些不喜欢数学的人常常称其为"魔鬼的作品"，而"人类的创造"这个叫法已经是最客气的说法了。

　　反过来，那些数学的发烧友则将其誉为科学皇冠上的明珠。很多年前，疯狂的数学崇拜者柏拉图（公元前 427 —公元前 347）甚至还将数学的地位又推进了一步。在他看来，人类的数学仅仅是一些简单粗糙的符号而已，其背后是更高境界的真理。数字世界是一个理念世界，是独立于人类世界而存在的世界。借助数字，人类得以将世间存在的数字概念具体化。每当我在纸上写下一个数字时，一个来自"超世界"的抽象数字概念便会变成我们世界中的一个具体的数字。

　　当代编程学是以"对象"为出发点的，如果用编程学语言来描述柏拉图的观点，我们大概可以说：数字分为"类函数"和"对象函数"。柏拉图的这个说法非常荒谬。第一，其无法得到证实（依照波普尔的科学理论，这个说法无法被证伪）；第二，从科学的角度来看，这类思维游戏并无存在的必要。柏拉图的"理念世界"观点其实也是错的，只要稍微用"奥卡姆剃刀法则"来辨别一下（见上一章），我们便会发现这一点。

对于另一个群体而言，数学就像是一本加了七重封印的天书，让人翻都不敢翻。曾经有一位读者给我留言道："拜托您今后不要再提数学了！数学是人类发明出来的，人类相信借助数学就可以解释一切，甚至能弄懂宇宙的奥妙，这简直太荒谬了！"

在数字的魔力面前，一部分数学家甚至同样抱有怀疑的态度，比如德国著名数学家利奥波德·克罗内克（Leopold Kronecker，1823 — 1891）就曾在 1886 年说过："造物主创造了自然数，其余就是我们人类的事了。"

克罗内克的这句名言深受德国人喜爱，相信那位给我留言的读者对这句话也是坚信不疑的吧。

尽管如此，科学家却还是达成了一个共识：没有数学，科学便不复存在。伽利略（Galileo Galilei，1564—1642）早在17 世纪初便说过："数学是造物主用来书写世界的文字。"以色列著名天体学家马里奥·利维奥（Mario Livio）在他的著作①中同样坚持了这个观点。

---

① 即《造物主是数学家吗？——为什么自然这本书是用数学书写的》。

自然和数学有哪些共同点？

大自然究竟是象征着永恒真理的数学，还是一个由人类打造出的、存在着内在矛盾的客体？

我们先来观察一下吧——一把大锤砸在了我的脚上，好疼！这个过程是数字引发的吗？并不是。因为数字只能将一件事符号化，但却无法触发一件事。让大锤落下的是"万有引力定律"，即 $F = mMG/r^2$。这个定律告诉我们，质量为 M 的地球与质量为 m 的物体距离为 r（本例中 r 为地球半径）时，地球会对其施加多大的力。在这个公式中，G 是常数，即著名的万有引力常量。这类自然法则会受到自然逻辑的约束——特别强调一下，这里指的是大自然蕴含的逻辑，而不是某一种逻辑。万有引力定律背后的逻辑并非定律本身，而是两个物体的质量之积决定了彼此间的引力。这符合逻辑，因为乘法有交换律，比如 $3 \times 5 = 5 \times 3 = 15$。数学乘法正确地展示了大自然的逻辑（物体 m 对 M 的引力等同于物体 M 对 m 的引力），而 m 和 M 的具体数值则无关紧要，因为乘法交换律对任何实数都有效，比如 $1.11 \times 2.22 = 2.22 \times 1.11 = 2.4642$。

正如我们所见，用数字来描述自然并非关键，借助数学展示大自然内在的逻辑才是关键。

再举个例子，万有引力定律中的 r^2 背后的逻辑又是什么呢？

我们生活在三维空间中，大自然要求点状因子（例如质量、电荷数等）在 n 维空间中的作用效果必须与距离的 $n-1$ 次方（r^{n-1}）成反比关系。所以在我们的三维空间中，万有引力与距离的平方（$r^{3-1}=r^2$）构成反比关系。为了正确展示这个维度逻辑，我们需要一个相应的逻辑表达式。而数学的作用恰恰就在这里。换句话说，由于自然是依照严格的逻辑形成的，而数学又是纯粹的逻辑，所以数学是描述自然的完美工具，而冷静超然的自然逻辑则是自然和数学背后的推力。

逻辑无法解释一切，但没有逻辑就没有一切

为了让自己能够持续下去，数学必须要与逻辑完美契合。自然法则没有例外，每一条自然法则都具有绝对性。这听起来有些严酷，但却令数学成了一门可靠的科学。

然而需要注意的是，我们无法借助自然的逻辑来预测世界的未来，只能揭示其内在的一致性，这一点与我们过去的想法（即拉普拉斯决定论①）是不同的。

对此，爱因斯坦曾留下一句精妙的评论：造物主深奥莫

---

① 拉普拉斯决定论的原文是："宇宙像时钟那样运行，某一时刻宇宙的完整信息能够决定它在未来和过去任意时刻的状态。"言外之意是，我们可以借助现在宇宙的状态推算出未来任何一个时刻的宇宙处于什么样的状态。——译者注

测，但他并无恶意。

然而我们人类却并非为逻辑而生。甚至可以说，人类十分没有逻辑。举个例子吧，假如你听到别人说你"你不傻，不是吗"，那如果你急着说"不"，那你就相当于承认自己愚蠢了——对否定命题的再次否定等同于原命题，如果你相信自己并不愚蠢，那你的回答应该是："是。我不傻。"

我们需要数学来帮助自己避开这种无逻辑的行为。数学是我们思维的护栏，如果没有数学，那我们依旧生活在中世纪的谬论和神话之中，我们的思维也会停留于此。我们能在今天拥有一个文明的当代世界，即那个经历了"从神话到理智"的世界，都要归功于数学。逻辑是沉重的，是复杂的，有时甚至是令人痛苦的，但逻辑能帮我们干净利落地清除错误思维。换句话说，不要相信任何无法借助数学逻辑论证的观念和理论。因此，对于极具影响力的历史相对主义①的批评，波普尔的观点是完全正确的。

---

① 历史相对主义（德：Historizismus）认为历史解释不可能像以理论、观察和实验为方法论基础的自然科学解释模型那样客观。波普尔并不反对历史相对主义者的研究结论，只是认为其研究方法是反理性的。——译者注

虫洞虽然符合数学逻辑，但并不一定存在

在运用世间的数学逻辑时（对逻辑的应用同样要服从大自然的逻辑），我们面临着一个逻辑难题：虽然数学是纯粹的逻辑，自然也必须严格遵守逻辑，但这不意味着一切符合逻辑的内容都能在自然中实现。比如，人类能借助数学清晰地呈现出一个四维空间，这远远不意味着四维空间真的存在。所以在《初学者的虫洞》①一文中我也曾提到过，虫洞虽然符合数学逻辑，但并不一定存在。

造物主是数学家吗？

回到起初的问题：自然是用数学写的吗？造物主是数学家吗？

第一个问题的答案是：自然具备，而且也必须具备冷静超然的逻辑，否则便会陷入矛盾之中。一个有内在矛盾的自然是无法存在的，因为如同"m 对 M 的引力不等于 M 对 m 的引力"之类的矛盾，会令物体间的一切引力都不复存在。我

① 本文是作者另一本著作《黑洞历险记》中的文章。

19

们将数学视作逻辑的语言，因此，自然一定能够通过数学来表达。

至于第二个问题，我们很难回答。假设造物主存在，但他却对数学一无所知（或者对逻辑一无所知），那么他有可能先创造了一个没有逻辑的世界，但这个世界很快便因内在矛盾而土崩瓦解。随后他便开始一次又一次地尝试，直到意外地创造出了一个拥有连贯的内在逻辑的世界为止。只有在这样一个世界中，人类才能生存，才能赞叹世界如此有逻辑，赞叹造物主是如此完美的数学家。因此，这个问题的答案可能是：

造物主是一位数学家，他的第一次尝试即宣告成功；

造物主不是数学家，他只是在不断尝试的过程中偶然搞定了一切。

4

造物主不会掷骰子？

爱因斯坦不相信造物主，但却相信意外。虽然爱因斯坦注定是一位天才，但他也会犯错。

毫无疑问，爱因斯坦是天才般的物理学家。仅仅在他的奇迹年——1905 年中，爱因斯坦就发表了 5 篇论文。其中，关于粒子的布朗运动、狭义相对论以及量子电磁辐射理论（光电效应）的论文，堪称物理学的里程碑。

10 年之后，也就是 1915 年，他又发表了自己的另一项重要成果——广义相对论。1921 年，爱因斯坦获得了诺贝尔物理学奖（1922 年颁奖），但让他获奖的却并不是狭义相对论。根据当时诺贝尔奖评审委员会的官方说法，该奖项是"为了表彰爱因斯坦在理论物理领域的成就，尤其是他发现的光电效应"。

借助"理论物理学"一词，评审委员会有意避开了狭义相对论。因为在当时的人看来，相对论还是太大胆了。爱因斯坦这项最伟大的成就，最终也没有为他带来第二个诺贝尔物理学奖。

爱因斯坦的信仰

爱因斯坦关于造物主的言论也很出名。人们经常毫无顾忌地引用他的言论来证明自己的理念，比如信徒很乐意引用他说过的那句"没有宗教的科学是瘸子"，却常常忽略后半句话："没有科学的宗教是瞎子。"

下面这段话最能体现爱因斯坦对宗教的真实态度：

"对我来说，'造物主'一词不过是人类自身脆弱性的表现和产物。《圣经》虽然可敬，但也不过是一本幼稚的原始传说集……在我看来，犹太教和所有其他宗教一样，都是幼稚和迷信的体现。"

爱因斯坦的言论好比一个采石场，只要好好搜寻，每个人都能找到对自己有利的观点。

爱因斯坦相信巧合

那些相信世间不存在巧合，一切都是造物主通过命运安排好了的人，一定会喜欢爱因斯坦的另一句名言："造物主不掷骰子。"

然而这句话背后的真相是什么呢？其实爱因斯坦从来没说过这句话。不过，他的两段话里间接包含了这个意思。

其中一段，出自爱因斯坦写给马克斯·玻恩（Max Born，1882—1970）的信："量子动力学着实令人起敬，但内心总有一个声音告诉我，这个理论并不正确。这个理论产生了许多好的结果，可它并没有使我们更接近造物主的奥秘。我坚信造物主这个老头子是不掷骰子的。"

在给数学物理学家科内留斯·兰佐斯（Cornelius Lanczos，1893—1974）的信中，爱因斯坦曾写道："想看穿造物主并不容易，虽然我无论如何也不会相信，但造物主确实会掷骰子，或者（如同当代量子论猜测的那样）会运用心灵感应。"

爱因斯坦所说的"心灵感应"，指的是量子物理学中的量子缠结①现象。事实上，量子缠结的确存在。尽管如此，因果律在宇宙中依旧成立。从这个层面来看，爱因斯坦是正确的。

但他那句"我坚信'老头子'是不掷骰子的"又是什么意思呢？

"老头子"是爱因斯坦对造物主的称呼。世界为什么会成

---

① 量子缠结（又译为量子纠缠）是一种量子力学现象，指的是当几个粒子在彼此相互作用后，各个粒子所拥有的特性已综合成为整体性质，因此我们无法单独描述各个粒子的性质，只能描述整体系统的性质。量子具有纠缠态的性质是实现量子通信的基础。量子缠结是一种纯粹发生于量子系统的现象，在经典力学中找不到这种现象。——译者注

为现在的形态？世界最本质的运转机制是什么？正是这些问题激励着爱因斯坦不断前进。因此他对粒子的布朗运动以及量子力学中的光电效应十分着迷。他对量子物理学的理解胜过任何一个人。他内心也十分清楚，在原子的世界中，"随机性"才是掌权者。爱因斯坦将布朗运动向前推动了一大步，而布朗运动正是一种纯粹的随机运动，是分子受到其他分子的碰撞而发生的无规则运动。

"掷骰子"指的是什么？

爱因斯坦那句"虽然我无论如何也不会相信，但造物主确实会掷骰子"指的又是什么呢？

其实这里说的是波函数塌缩。在量子力学中，粒子具有波函数，但这个波函数无法直接测量。实际上，波函数描述的是粒子处于某种状态的概率。这个概率只有我们测量粒子的状态时才能得知。在测量之前，粒子能够同时以某种概率出现在任何可能的位置。

悖论"薛定谔的猫"便是基于这个命题。在一个不透明的箱子里有一只猫，如果往箱子里放入毒药，那么这只猫就会处在一个死和活的叠加状态中，观察者只有打开箱子，才能知道猫究竟是死是活。一个理智健全的人肯定会说，这不可能！这只猫要么已经死了，要么还活着，不管我有没有打开箱子查看。

再举个例子。假如我们用杯子摇骰子，在摇完骰子之后，杯子依旧倒扣在桌上。根据直到今天还被广泛接受的"哥本哈根诠释"，这个骰子（具体来说是这个骰子的波函数）正同时以1/6的概率显示着一点到六点。你可能会觉得这简直是胡说，现在骰子只会显示一个点数，只是我们还不知道这个点数而已，只有将杯子抬起，我们才能看到具体的点数。而"哥本哈根诠释"认为，查看行为会令波函数坍塌，从而选择一个具体的状态出现。爱因斯坦认为这种说法纯属无稽之谈，但他的理由并非"健全的理智"，而是世界并不会以非连续的方式变化。如果骰子刚才还是各种可能点数的集合，那么现在不可能突然变成一个具体的随机点数。让爱因斯坦不满的，正是这种可能在偶然间由任何因素，尤其是由造物主触发的非连续的过渡（坍塌）。

因此，他那句"造物主不掷骰子"应当这么解读：量子力学所坚持的随机坍塌并不能让我们更接近"老头子"的奥秘，不管是宇宙还是造物主，都不会用这种方式来掷骰子。

今天的人们已经知道，爱因斯坦对宏观物体波动性的怀疑是有道理的。猫或者骰子之类的宏观物体会不断地与周围环境互动，这会导致量子出现"退相干"现象。周围环境会通过与物体的持续互动而扮演观察者的角色，从量子力学的角度来看，这位观察者会导致波函数坍塌。具体来说，由于骰子撞击了桌面，骰子与桌子发生了互动，因此 6 个可能的点数就会变成 1 个具体的点数。这个解释本来可以令爱因斯坦满意，但量子退相干理论却是近几十年的产物。可惜，在爱因斯坦的那个时代，物理学家对此还一无所知。

爱因斯坦也会犯错

为了解释波函数坍塌，爱因斯坦还准备了另外一套理论。在他的眼中，这套理论才更能让我们接近"老头子的秘密"。

爱因斯坦认为，量子力学中存在"隐变量"，即一种深层次的原因。这种原因会对世界造成确定性影响（即不符合随机性的影响），因此总会触发看似随机的坍塌。

1964 年，贝尔不等式①已经将"隐变量"理论推翻。尽管爱因斯坦是伟大的物理学家，但他还是会犯错误。比如他曾断言道："没有任何迹象显示，人类可以获得并利用核能。"现在看来，这句话当然是错的。

诺贝尔奖并不能使人对错误免疫。精明的物理学家理查德·费曼（Richard Feynman, 1918—1988）就曾说过："科学

①　贝尔不等式是 1964 年由约翰·斯图尔特·贝尔（John Stewart Bell）提出的一个有关是否存在完备局域隐变量理论的数学不等式。——译者注

就是相信科学家的无知。”

　　他的话很好地诠释了这个道理。用我的话来说就是：对真理的探求始于怀疑。

5

身心关系问题

——起源：笃信灵魂不死早已不合时宜

今天的我们已经明白了自己和行星究竟为什么会运动——物理学和生物学原理，才是其运动背后真正的原因。

灵魂凌驾于肉体之上，这种观念在我们的文化中根深蒂固。身体会死，但灵魂永远不死。更有甚者，认为"身体是灵魂的坟墓"，比如西方哲学的创始人柏拉图。

　　灵魂存在的思想甚至可以追溯到柏拉图之前很多年，这其中可能还包含了古印度文化的血统（因此今天的印度教和佛教也笃信身体与灵魂的严格分离），灵魂的概念在古希腊史诗《伊利亚特》和《奥德赛》中首次出现，出现频率为81次。这两部史诗都将灵魂视为生命的基本原则。

　　那时的人们根本无法解释，为什么除去人和动物，世间的一切都能在某一时刻归于平静——比如一个皮球，即便我推它一下，它也一定会在某一时刻停止滚动，而人和动物却会不停地运动。一种可能的情况是，为我们不断提供动力的，正是灵魂。

　　那时的人认为，对于自然中每一个运动着的生命而言，灵魂是第一指导原则。因此，古希腊人认为，人与动物都是有灵魂的。也许正是这种观点，使一些人直到今天都会对屠宰或进食动物有种排斥的心理，这种心理大多存在于潜意识中。根据柏拉图的灵魂学说，肉体死亡之后，前一种存在形式的行为举止将决定灵魂的归宿。根据奖励或惩罚的不同，灵魂会经历不同的灵魂之旅。如果行为不检，人的灵魂就会转移到动物身上，平凡的灵魂会滑入女体，而卓越的灵魂则会滑入男体。依照希腊神话中的说法，哈德斯掌管的冥界，则是灵魂最终的归宿。

另一种观念认为，人死之后，灵魂会在其他星球上游荡。这种信念来自东方，后经俄耳甫斯教①（约公元前600年）进入希腊哲学。直到今天，很多人依旧对这种说法深信不疑。

基督教中的"肉体—灵魂二元论"

与希腊哲学不同的是，基督教徒中的闪米特人②和今天的

① 俄耳甫斯教（Orphism）于公元前8世纪到公元前7世纪诞生于古希腊，是一个以俄耳甫斯命名的秘传宗教派别，集诗歌、宗教教义与宗教生活实践为一体。——译者注

② 闪米特人一词由德国人奥古斯特·路德维希·冯·施洛泽（August Ludwig von Schlözer, 1735—1809）于1781年提出，用来指代民族语属于亚非语系闪米特语族的人群，其命名的灵感来源于《圣经》中挪亚的长子Shem（闪）。——译者注

犹太人一样，最初也曾相信身体和灵魂的严格统一。在传统基督教派的信仰中，每一个灵魂都是造物主专门为某一个身体而创造的。古希腊人认为，人活着的时候，灵魂被锁在体内，一旦人死了，灵魂便会从一个身体转移到另一个身体——这个观点并不符合原始基督教的信仰，与基督教中的复活观也不是一回事。在整部《旧约》以及《新约》的《马太福音》和《约翰福音》中，没有一处提及灵魂。

直到 20 世纪末，"肉体—灵魂二元论"这个古老的思想才最终走进了基督教教义。实际上，基督教的教义并非灵魂死后升入天堂，而是审判日的肉体复活。

天主教教皇约翰·保罗二世在 1998 年 10 月向朝圣者宣布的关于灵魂和最后审判的思想，也符合这一历史发展的趋势。依照教皇的观点，人死之后，其不朽的"精神元素"（即灵魂）有非常特殊的存在条件；即使没有肉体，灵魂也是一个"人"，一个拥有独立意识和意志的"人"，哪怕这个"人"我们无法看到。

教皇不加批判地表达了柏拉图式的思想，这种思想显然与《旧约》的观点相冲突——灵魂与肉体一起死亡，并在最后一天与肉体一起复活。但教皇至少还是与古希腊灵魂转移论划清了界限。这一根本性的观念转变，意味着教皇放弃了早期的基督教思想，转而支持当前流行的，但却疑点颇多的"精神元素论"。

然而即便在天主教会之外，人们也总会将"灵魂"视作区分人与纯物质的根本原则。这与《圣经》中的内容有什么关系呢？事实上，《旧约》使用的概念是"生命的气息"，即运动的原理，《新约》也只用过"内心"（psyche）一词。但在《圣经》的旧译本中，这个词却被误译为"灵魂"。

最近的《圣经》研究表明，psyche 的含义同样是"生命的气息"。这意味着，谁如果将《圣经》作为信仰的基础，那他就不应当在宗教场合中使用"灵魂"这个概念。今天的我们已经明白了运动是如何在生物体中产生的，因此，作为运动的原因，"灵魂""生命的气息""内心"等传统概念注定已经过时。这样看来，柏拉图与《圣经》的认知其实在同一个层面上。

中世纪时期，经院哲学将亚里士多德和柏拉图的哲学思想带进了基督教派，当然也包括他们的灵魂学说。这不仅意味着现实向形而上学的不幸转变，而且令教会对肉体产生了敌意。本章开篇那段来自希尔德加德·冯·宾根的引言就是一个很好的例子。基督教会压抑的性道德，以及天主教会的独身主义，都是这种敌意的极端表现。

然而犹太教却并没有受到柏拉图主义的影响，对身体没有仇恨。犹太教认为，美好的生活和令人满足的性爱都是造物主的恩赐。

"宇宙灵魂"与占星术

柏拉图承认"宇宙灵魂"的存在。实际上他也不得不承认。因为只要观察一下星空，我们便会发现，很多行星同样在一刻不停地运动。所以，宇宙也必须要有灵魂。

然而，一切运动的起源又是什么呢？柏拉图假设了一股与人类关联较小的驱动力，即所谓的"造物主"。他的学生亚里士多德（公元前384—公元前322年）将其理念具体化：这位造物主是第一个能在宇宙空间中运动的力量，他首先旋转了地球的星空，星空的运动传导到了宇宙空间之中，经过逐层传递，最终将各个行星周围的空间环境全都带动了起来。这种传导使得月球也开始运动，而月球以及其他星球的运动，最终带动了人类和动物的运动。

亚里士多德所描述的造物主于天境中登基，并且在遥远的地方左右着人类的生命——这一切都与基督教的理念高度契合，因此基督教会欣然接受了他的观点，并在中世纪的经院哲学中巩固了其地位，其中最重要的代表人物是托马斯·阿奎那（Thomas Aquinas，1225—1274）。

即使在教会之外，行星和月球向人类传递动力的观点也得到了广泛认可。这种说法成了占星学的基础，占星学诞生于上古时代，于中世纪进入全盛时期。时至今日，占星学依旧被很多人奉为圭臬。依照占星学的观点，行星和月球决定着我们的生活。

　　不过，今天的我们已经明白了自己和行星究竟为什么会运动——物理学和生物学原理，才是其运动背后真正的原因。

　　今天的人们本该明白，对灵魂的笃信已经不合时宜。但很多人却仍坚持他们原本的信念。

身心关系问题

——新时代的认知

通常情况下，要让人们接受这种思维方式的重大转变，即使不需要等上几个世纪，也至少需要几代人的时间。然而与很多其他事情一样，这种思维的转变只是时间问题。

科学唯物主义

依照当今的科学理论，人类的意识是包括自我意识在内的所有认知能力的总和。在大多数当代哲学家、心理学家、神经生物学家和认知学家看来，意识是从人类大脑中涌现而出的。

一般而言，"涌现"是指系统中出现了某个无法借助系统各组成部分的性质来推导，但却可以利用科学解释的现象，例如蒸发效应：我们无法借助一滴水中 1021 个水分子的属性来解释为什么这滴水是湿的。同样的道理，我们无法借助单个神经元的特性来解释为什么意识会出现。但在一个包含了 1000 亿个神经元的神经系统中，神经元间的沟通作用却让意

38

识的出现成为可能，这也是神经心理学家广泛认可的观点。

如此看来，这些科学家显然是社会中的唯物主义者。唯物主义认为，头脑中所有的认知现象都可以借助物理层面的知识来解释。也就是说，它们都是由物质引起的——物质是唯一存在的东西。

在唯物主义者眼中，精神以及随之产生的道德观念，宏观上来说是与物质宇宙的进化同步发展的。微观上来说，则是与物种的进化同步发展的。依照唯物主义的观点，道德观产生于社会关系（人则是社会的组成部分）。如此说来，在社会关系系统中，道德会通过"涌现"而产生，但也会随着社会关系的变化而变化。这种观点会让我们觉得，在出现冲突的情况下，社会价值观要优先于个人道德观和个人利益，决定道德观的最重要因素是社会，而个人只是依附在社会中的辅助要素而已。

一元论与二元论

唯物主义者属于一元论者，其经典代表人物是苏格兰哲学家大卫·休谟（David Hume，1711—1776）。他们声称世界上只有一种类型的物质，而一元论者最大的敌人之一是理想主义者。后者坚信世上的一切事物归根结底都是有灵性的。

基督教和犹太教其实也属于一元论宗教。在路德的《圣经》译本中，"灵魂"的含义仅仅是造物主在用泥土造人时，将活人的气息吹进了泥人的鼻孔里，令其有了生气。

二元论者站在了一元论者的对立面，他们认为世界上存在着两种截然不同的现象和存在，即生理存在和心理存在，也就是物质世界和精神世界。二元论者认为，意识是精神的品质，而精神的品质又是灵魂的表达。

所以，我们又绕回到了之前提到的概念——灵魂。

笛卡儿的二元论

植根于柏拉图哲学的二元论，直到 17 世纪后期才借助勒内·笛卡儿和约翰·洛克（John Locke，1632—1704）的力量，在西方思想中找到了其最激进的表现形式。然而直到今天，二元论依然被我们的社会广泛接受。

笛卡儿对于自己那句名言"我思故我在"的总结是："我认为，我是一个实体，其全部本性或本质仅仅以思考的形式存在，而且其存在不需要空间，亦无须依赖任何物质。因此这个'心灵之我'，即纯粹由思想构成的我，与'肉体之我'是完全不同的，甚至更容易被人认知。即使'肉体之我'不复存在，'心灵之我'依旧不折不扣地存在。"

由此，笛卡儿得出了这样的结论：物质和精神是两种完全不同的、独立的存在。物质具有占据空间的特性，而精神则是有灵魂的、无形状的思维产物。然而，由于对物质和精神进行了严格的分割，笛卡儿遇到了一个难题：考虑到两者的根本差异，身体和精神根本无法对某一项内容做出统一的定义。那么又该如何解释二者之间的相互作用呢？简单来说，精神该如何对运转机制完全不同的大脑施加影响呢？面对这个让他颇感为难的问题，他也只能无奈地回答一句："在松果体里。"

　　事实上，这一点成了笛卡儿哲学中的一个重要弱点，也成为哲学史中著名的"身心关系问题"。

唯物主义——严酷，但却真实

　　我们之所以能确定今天的结论是正确的，是因为我们可以用科学的方法对其加以证明。生理进程会触发身体的运动，而意识则是一系列神经生物学进程的产物。

　　虽然一定会有很多人抵触这个结论，觉得爱和情感不可能是神经元进程的产物，但今天的我们已经知道，事实的确如此。尽管这种解释听起来不怎么浪漫，但爱和情感的确是由大脑中的杏仁体集中控制的。

事实上，正如神经心理学家所言，处理爱与情感的杏仁体会通过影响下丘脑来塑造我们的记忆，因此我们不必好奇为什么自己对第一次接吻和性爱的记忆会如此深刻。

　　通常情况下，要让人们接受这种思维方式的重大转变，即使不需要等上几个世纪，也至少需要几代人的时间。然而与很多其他事情一样，这种思维的转变只是时间问题。

请将我下载

　　我想知道的是：人类的意识，究竟能否储存在一个

小小的硅芯片中？

在之前的文章中，我一直都在尝试借助科学来试探可能性的边界，即便只涉及某种极端情况，即便必须忽视一切既有的观念。这篇文章亦是如此。

　　保罗·纳欣（Paul J. Nahin）的著作《神圣的科幻——科幻小说与宗教的交汇》引发了我的思考。

　　纳欣教授绝非无名之辈。在我看来，他的著作《时间机器：物理学、形而上学和科幻小说中的时光之旅》可以说是"时光之旅"题材中最优秀的作品，完胜同一题材的任何著作。这本书对"时光之旅"这个迷人的话题进行了专业的分析，没有放过任何一个细节。在其最新的作品中，纳欣教授亦对若干古老的科幻主题进行了专业的思考，例如，机器人与人类之间的逻辑关系、时光之旅的宗教含义等。我觉得这些书都非常值得一读，遗憾的是，目前只能买到英文版。

意识能否储存于芯片中？

《神圣的科幻》第四章讨论的问题是：机器人可能拥有宗教信仰吗？对此，纳欣引用了诺曼·史宾拉德（Norman Spinrad）2017 年的科幻小说《毁灭战士 X》中的情节。

在小说中，灾难性的、无法逆转的全球变暖，导致了末世的到来。在人类即将灭亡之际，一项新技术诞生了。通过扫描的方式，人类的意识得以成功地转移到电脑芯片之中。然而，天主教教会却将这一技术视作罪孽，将这些"位于彼岸的生命继承者"称为撒旦的工具，并决定永世诅咒这些人类的数字后代。

当教皇罗伯特一世在诏书中宣布，人类的智慧和灵魂能够在这些复制后代身上得以永生时，天主教会忠实的信徒，尤其是牧师皮埃尔·德·利昂（Pierre de Leone）仍坚持反对意识移植的观点："这将导致什么结果？智慧和灵魂难道不会在第二个、第三个，乃至成千上万个副本中继续存活吗？"

在德·利昂到了 91 岁高龄，即将死去的时候，当时掌权的教皇玛丽一世却向其透露了自己狡猾的意图：他的智慧应当存储在梵蒂冈的电脑里，但他的灵魂却应禁锢在永恒的诅咒之火中——反正他自己也觉得灵魂不该在芯片中继续存活。"如此一来，到了彼岸之后，教皇依然可以指望德·利昂的智慧为她提供睿智的建议。"

后面的情节愈发邪恶。你不妨亲自读一读，但小说本身却与我的问题无关。我想知道的是：人类的意识，究竟能否储存在一个小小的硅芯片中？

人工神经网络是可以实现的

严谨的科学研究首先应当将定义讲清楚，"意识"究竟是什么？

如果我们遵循普遍的语言习惯，那么"意识"包含了感知，即感官对外界的感知以及内心对自我的感知，此外还有学习、记忆、设想、幻想以及其他一切形式的思维。借助神经生物学，我们知道了人类的意识能力仅仅依靠大约 1000 亿个脑神经元的活动来维持。

通过研究各种类型的脑损伤案例，我们了解到大脑的哪些区域主要负责哪些类型的意识——例如海马体负责记忆，而杏仁体则主导情绪。这意味着，我们的意识在一张神经元网络之中运转。从神经电子学和神经化学的角度来看，神经元网络的运转需要依靠某种"中间码"，即科学家口中的"动作电位"来完成。

我们也可以通过人工神经元来制造神经网络，即所谓的

"人工神经网络"。当今的技术只能模拟构建小型神经网络，但由1000亿个神经元构成的大型神经网络总有一天会出现。这些其实都不是问题。

真正的问题是，我们如何才能解读并获取人脑神经网络中储存的信息呢？为了做到这一点，我们只能像纳欣书中设想的那样，对人脑的神经网络进行三维扫描。这件事我们现在还做不到，但谁又能确定我们以后也做不到呢？我们或许可以通过将正电子发射断层显像技术（PET）与高分辨率的核磁共振成像技术（MRT）结合的方式，来达到这个目的。

我们暂且先把这些尖端技术放在一边。我想说的是，我们有可能解读并获取人脑中的信息，所以，将人类的意识（包括其外界感知和自我意识）储存在一个人造的、传导模式与人脑相似的媒介中，也是可能实现的。

宇宙星体如何影响我们的生活？

行星和卫星究竟会对我们的生活产生哪些影响？

在前文中我曾提到过，古人的无知以及对生物运动的赞叹导致了人们对占星学的迷信——相信月球及行星的运动会传导到人类身上。

　　时至今日，我们已经了解了物理学及生物学中有关运动的基本原理，占星学中的运动传导说也早就成了老皇历。然而有时我们还是会默默问自己：星体究竟会不会以某种其他形式影响我们的生活，甚至决定我们的命运？

月光会如何影响我们

　　月光会对地球上的生物施加某种程度的影响，这一点毫无质疑。从生物进化学的角度来看，女性大约 29 天的月经周期与月球周期肯定存在某种关联——月相盈亏的平均周期为29.53天。当然，这两个周期并不同步，否则所有女性就都会在同一天来例假了。我们也知道，月球周期会对某些植物（例如胡萝卜）的生长施加轻微的影响，而蚯蚓之类的动物同样会根据月球的运动来调整自己的生活节奏。然而这种影响并不像有些人说的那样夸张，比如满月之时会有更多孩子出生，或者会发生更多的事故及犯罪案件——统计学研究已经推翻了这类假设。我们观察到的影响全都来自周期变化的月光，而非其他引力的影响。

月球重力造成的影响虽然存在，但却很小很小，小到可以忽略不计。我们不妨具体分析一下月球重力对人体的血液循环会产生多少影响。月球对每立方厘米血液的引力为33纳牛顿①，这意味着，如果有一天夜里，我们身处野外，月亮正高悬在我们的头顶之上，那么我们每立方厘米血液会受到1克地球引力的影响，但却只会受到3.3微克月球引力的影响。月球对血液的引力影响只有地球的大约百万分之三而已，换句话说，我们的血液不可能因为月球的存在而汹涌澎湃。

如果你觉得这个引力还不是0，因此其影响力还不能完全排除，那请务必想想，地球上其他很多力的作用效果都会强于月球引力的作用。举个例子：随着地球自转，

---

① 1纳牛顿相当于3.3微克地球引力，1微克等于百万分之一克。这个物理学单位在生活中并不常见。

赤道附近的离心力会推动这 1 克血液向上运动，这股推力的强度为 22 微牛顿（2.2 毫克）。这意味着，即便月球正位于我们头顶正上方，赤道附近这股离心力的作用效果也会比月球引力强上千百倍。离心力与地球纬度紧密相关（赤道附近离心力最强，而两极的离心力则是 0），既然如此，为什么没有哪位占星师宣称我们的福祉和灾难全都是由居住地的纬度决定的？

其他星体会影响我们吗？

除了月球，包括行星在内的其他星体又会怎样影响人类的生活呢？

依照占星学的说法，这些星体注定会对我们产生影响。然而实际上，其他星体带来的影响力比月球还要小很多。即便处于最合适的位置，木星和金星的影响力也只有月球的百分之一而已。土星的影响力只有月球的千分之一，而金星在不利位置时的影响力则只有月球的万分之一，水星和火星处于有利位置时的影响力是月球的万分之一。天王星和海王星的影响力，同水星处于不利位置时差不多，大约是月球的十万分之一。在占星学中，冥王星象征着生命的复杂与深邃，但实际上，冥王星的影响力只有月球的几十亿分之一，只能在这份"影响力榜单"中垫底。

占星术能够拥有很大的影响，其实全都靠着那句颇具神秘色彩的话："星球会影响我们人类。"虽然地球的作用力已经压过了来自其他星球的一切力量，但这句话实在是神秘莫测。因此，相信这句话本身就是一件美妙的事情。实际上，每一个我们在大街上遇到的人，每一辆从我们身边开过的车，对我们的引力都会强于天王星和海王星的引力。占星学家其实更应该这样表述："只要在繁忙的街道上站5分钟，您就能在职场和情场中获得幸运之神的眷顾。"

为什么海洋会有潮汐？

如果月球的影响力如此之小，潮汐为什么会存在？简单来说，海洋包含了太多太多的水，即便是百万分之一的影响力，其绝对数值也会很大，所以我们能看到气势磅礴的涨潮和退潮。

然而在太空中，这百万分之一的影响力带来的潮汐是完全看不到的，上文中的引力比例关系在此依旧适用。假如我脚下有一滴水（或一滴血），而我是站在水滴（或血滴）上的一个体积约等于一个水分子的小人儿，那么我同样可以看到月球给这个水滴（或血滴）带来的潮起潮落。实际上，我们人类的体积比一个水分子大得多。我们观察这滴水（或血），就仿佛是从太空看海一样，根本无法观测到这种微小引力的影响。

9

未来可以预测吗?

未来是已经预设好的命运，我们只能无助地看着命运在自己身上发生，还是说未来的一切都不存在预设?

古希腊人有十分清晰的未来观。根据柏拉图的说法，世界会在某个时刻开始重演，走进与之前完全相同的轮回。如同行星围绕太阳进行的周期性循环一样，世间的一切场景都会毫无改变地无限循环，因此每个人都会在某个时间重生。柏拉图将这种毫无改变的周期性循环称为"无助的循环"。

　　基督徒虽然继承了柏拉图的诸多观念（例如在《圣经》的开篇《创世记》中，我们就能看到很多出自柏拉图对话体著作《蒂迈欧篇》的基础观念），但在面对其永恒循环理论时，却确立了相反的观念。他们认为，时间是一条没有任何偏移的直线。出生、生活、死亡、重生、永生——我们的存在就好比一束光，只有起点，没有终点，也不存在任何重复循环。我们此时的存在，以及终将面临的死亡，这些我们都不会时时刻刻放在心上，相反，我们更感兴趣的是明天的经历。人们的这种心态造就了一系列职业：预言家、算命先生、占星师……在过去的千百年中，他们依靠自己的工作过上了体面的生活。

经典的决定论

　　科学家当然也会关心这个话题。18 世纪时，他们曾相信自己已经找到了完美的答案：未来是可以精准预测的，但前提是要存在某一种智能，它必须知道世间一切物体的精确状态，以及一切作用在这些物体上的力。著名数学家、天文学家皮埃尔·西蒙·拉普拉斯（Pierre Simon Laplace，1749—1827）曾将这样的智慧称为"魔鬼"。从此之后，"拉普拉斯魔鬼"的概念便流行起来，依照他的说法，这个魔鬼无所不知，世间一切物体未来的去向和过去的轨迹都会清晰地呈现在魔鬼的眼前。拉普拉斯的观点基于艾萨克·牛顿（Isaac Newton，1643—1727）的理论贡献。在"拉普拉斯魔鬼"出现的半个世纪之前，牛顿发现了一个"世界公式"，借助这个数学微分方程，牛顿第一次成功地描述了力对物体造成的影响。众所周知，微分方程绝大多数情况下可解，所以假如世界真的可以借助这个微分方程来描述（原则上来说是可能的），那我们就有能力预言世界的未来，包括未来发生的一切细节。

就这样，未来可预测的观念诞生了，人们将其称作"决定论"。决定论的基本思想很简单：事件发生的一切都有其原因，如果我们能准确地发现其因果关系（比如牛顿方程），那么一旦发现了所有的原因，我们就可以预知一切。好吧，如果我们知道了世间一切物体的位置，再测量出一切施加到物体上的力，那么只要用一台超级计算机解出牛顿的微分方程，那我们就能预知下周六摇出来的彩票号码了。果真如此的话，花费这番功夫还是值得的！

世界方程与未来

这个过程中肯定存在一个很难迈过的坎儿，否则计算机专家早就能成批算出彩票号码了。尽管如此，科学家却从未停下探寻世界方程的脚步。物理学家霍金是人类精神战胜身体残疾的象征，同时也是畅销书《时间简史》的作者，这位明星作家曾在 1999 年说过，自己最大的目标就是发现那个世界方程，并宣称"我们有五成机会在未来 20 年内获得相关的理论"。

假如真的有人能成功，那这个人非霍金莫属了。但事实上，他并没有完成这项工作。直到 2018 年 3 月去世，霍金也没有拿出一个世界方程的雏形来。为什么？霍金绝不是第一个将世界方程视作人生使命的当代科学家。在尝试借助一个具体方程，以最简短的方式描述世界的过程中，德国物理学家沃纳·海森伯格（Werner Heisenberg, 1901—1976）在上世纪 50 年代的研究明显已经超前了一步，他曾尝试借助一个场方程来推导出基本粒子的统一场。实际上，场方程还配不上"世界方程"的名号，尽管如此，这项研究还是令海森伯格名声大噪。

世界方程究竟是什么？在物理学家的口中，世界方程所对应的是"万物理论"（Theory Of Everything, TOE），该理论能解释任何事物在任何时刻的状态，无论是在过去、现在，还是未来。我认为，物理学家其实是在忽悠人。即便能找到这样的理论，"世界方程"估计也会像电磁学中的麦克斯韦方程组一样由一系列方程组成，这类方程组一般人注定是看不懂的。（我们当然也不能低估物理学家的创造才能，也许他们会再创造出一个新奇的数学写法，并宣称这个写法只有霍金能看懂，然后再用霍金的名字为方程命名，这样，一个单独的"世界方程"便诞生了。）

世界方程的局限性

这个理论注定无法描述世间发生的一切。不管是现在还是将来，没有哪个公式能做到这一点。因此，我认为科学家口中的"世界方程"概念实在是很不严肃。我所说的一切，科学家心里都很清楚，但他们却不愿意公开承认。摸着良心说，我们真的相信有哪个方程能让我们在事后解释为何希特勒能上台吗？我们真的能借助某个方程预言明天的彩票号码？根本没有哪个方程能让我们做到这些事，更糟糕的是，"世界方程"连简单的事情也推导不出来，比如里贝里会不会在下一场德甲联赛中进球，比如我们明天出门会不会被车撞，比如《换个主妇》这部糟糕的电视剧明年还会不会继续播放，比如过去有没有外星人，未来会不会有外星人……此外，这个公式也无法针对随机事件做出任何简单的预判，例如我的黄油面包下次掉在地上的时候是不是涂了黄油的那一面先着地（很有可能），例如我下一次玩德国十字戏①时，能不能在最需要的时候掷出一个六点（不太可能）。

为什么世界方程永远不可能奏效？即便物理学家真的能在某一天找到一个能揭示世间一切关系的方程，我们依旧无法开始计算。为什么？首先世界方程只能描述世界会从某一个起始状态发展到什么样的状态。为了完成预测计算，我们必须先要准确地得知所有基本粒子在起始状态时的参数。那位忙着研究"魔鬼"的拉普拉斯注定迈不过这道坎儿。这里的"起始状态"

---

① 德国十字戏是德国人约瑟夫·弗里德里希·施密特（Josef Friedrich Schmidt）在 20 世纪初发明的一种棋牌游戏。——译者注

未必是世界的最初状态，它可以是世界在某一时刻的状态，这个时刻将被视作后续发展的起始点。世界方程的任务正是描述事物后续的发展，或者推算事物之前的状态，这个方程奇妙的地方在于它既可以向前推算，也可以向后推算。

起始状态的确定问题[①]

确定起始状态的工作其实与世界方程的应用完全无关，我们要么能确定这个状态，要么不能确定，当然我们今天还不可能做到这件事。原则上来说，为了得到用来预测宇宙发展的基础信息，我们必须要了解宇宙中所有 10^{80} 个基本粒子在某个时刻的准确位置和速度才行，这件事可能真的只有魔鬼才能办到。我想先用物理学语言来描述一下起始状态的确定到底有多难：我们必须在描述量子离散的 6×10^{80} 维希尔伯特空间中确定宇宙的状态向量。如果我们相信这 10^{80} 个基本粒子最多可以构成 $10^{10^{123}}$ 种结构（依据量子物理学中的贝肯斯坦极限理论），那我们必须要再从这个无比巨大的数字中找出那个具体呈现的结构。$10^{10^{123}}$，这个数字相当于在一个 1 后面写上

　　① 本节中，作者为了说明情况，多次使用数字以及数学符号，但因其描述的内容过于专业，我们无法对内容的精确性进行核实，故此处皆以原文为准，不作调整。——译者注

10^{123}个 0，它也是具有物理学意义的"最大的数字"。要想在纸上写出这么多个 0，我们需要 10^{117} 本由 300 页 A4 纸装订成的书，假如把这些书放在一起，那我们视线范围内的宇宙肯定是不够用的，事实上，这些书需要 10^{36} 个宇宙的空间。即便假设每个宇宙只有 1 立方毫米大（好比一粒沙子），那 10^{36} 个宇宙加起来也会成为一个边长 100 万千米的立方体，100 万千米相当于职业司机一生的驾驶距离总和。我们的工作，是要从这么多种可能的结构中确定那个真实存在的世界结构。哪怕只想确定某一个人的行为，我们也需要了解并计算这个人的 $10^{10^{45}}$ 种量子态，这依旧是一个不可能完成的任务。

数据的存储有多难

即便我们能够确定宇宙在某个时间点的状态，我们也无法计算未来。这是世界方程不成立的第二个原因。每个可能的状态都将是 6×10^{80} 维希尔伯特空间中的一个点，而世界方程仅是希尔伯特空间中的发展运算符，用来描述处于某个具体状态点的宇宙的未来发展状态。因此，为了预知宇宙未来的发展，我们必须先使用信息技术来保存这个宇宙状态的信息，然后使用世界方程对其进行处理。但是，迄今为止，宇宙在极大的范围内都还处于混乱状态，而且据我们所知，其混乱程度还在加剧。算法信息理论表明，计算混乱状态所需要的信息是最大的，因为一个状态越混乱，描述该状态所需要的信息单位就越多。这就好比自由市场中的一堆橙子，如果这堆橙子排列整齐，那我们用几个词就可以描述橙子之间的位置关系，但一堆胡乱摆放的橙子就没那么好描述了。这意味着，在这个绝大多数区域依旧混沌的宇宙中，其 $10^{10^{123}}$ 个可能的状态中的某一个状态其实并不能借助 $10^{10^{123}}$ 个信息单位（即 $10^{10^{123}}$ 比特）来进行简单的呈现。换句话说，能大到足够描述世界状态的，只有世界本身。为了计算出世界的未来，我们需要一台存储量为 $10^{10^{123}}$ 比特的计算机，而这台计算机的体积会和世界一样大。著名物理学家弗兰克·蒂普勒（Frank Tipler）是唯一一个相信这台计算机最终能面世的人。他曾在自己的著作《永恒的物理学》中写道："也许我们可以通过各种努力，在世界末日之前 $1/10^{10^{123}}$ 秒拥有这台计算机。"（我想说，这项发明是不是来得太迟了些？）然而在书的最后，蒂普勒也承认自己并非真正相信这样的计算机会出现。而且计算机本身也是世界的一部分，从逻辑上讲，全靠这台计算机来预测世界的状态是行不通的。

原则上说，未来无法确定

除了上述两个令计算几乎没有可能的原因之外，还有一个颇具说服力的理由，告诉我们为什么人类永远无法预知未来，它就是量子力学中的模糊性。这种模糊性与世界内在的混乱相关，海森伯格的"测不准原理"告诉我们，我们无法精确获得某些信息，例如起始状态信息，这种信息模糊会发生在任何地方，永不停止，不受控制。这是爱因斯坦犯的为数不多的错误之一：他曾说过"造物主不掷骰子"。但其实造物主就是在掷骰子。更糟糕的是，我们宇宙中无处不在的混沌特性，让微观世界的模糊性产生的影响力呈指数级增长，变得失去控制，直至让其中一部分在宏观世界中变成了一股巨大的力量。例如著名的蝴蝶效应：热带雨林中的蝴蝶不经意间挥动了一下翅膀，太平洋上就可能出现飓风。在短期内，我们可以用经典物理的确定性来预测不太复杂的过程（例如预报天气），但是我们对未来的研究越深入，随机事件的影响力就会越大，我们的观点也会变得越发模糊。面对"掷骰子"之类的复杂过程，即所谓的"确定性混乱"，即便是在发生前很短的时间，我们依旧无法做出预测。一些科学家甚至相信，量子力学"波动"与"混沌放大"之间的联系，正是人类自由意志的起源。我本人也支持这个观点，当然，该学说在理论上还有待证明。如果我们的世界存在微观事件，那么这些微观事件甚至可能借助一些进程引发宏观事件，如果真是这样，那无论我们的计算机性能多么强大，我们也不可能预测这个世界——永远也不可能。世界的核心绝对不是向拉普拉斯相信的那样具备确定性。

还有一个问题

世界方程还存在一个缺陷，在这里我想引用一下德国物理学家伯恩德·奥拉夫·库伯尔斯①的一句话："在算法信息理论框架内，我们可以用严谨的数学方法证明，人类永远也无法知道自己能否拥有可用于描述现实世界中所有现象的最小公式，因此，原则上说，我们无法证明自然科学理论的完整性。"换句话说，我们永远，永远不可能知道拉普拉斯、海森伯格、霍金以及其他任何人的方程究竟是不是最终的世界方程。

尽管如此，物理学家们还是在乐此不疲地寻找这个方程，但他们所做的，只是一件徒劳无功的苦差事罢了。

_____

① Bernd－Olaf Küppers，自然哲学教授，1994 年至 2009 年执教于耶拿大学。

65

10

意外是乔装打扮的命运？

自我意识会告诉我们，组成生活的并非意外，而是命运。

在我的另一本书《黑洞历险记》① 中，我曾提到过人类的存在是多么依赖宇宙中四种基本力②的相关常数。只要这些常数出现些许偏差，我们的宇宙便会完全不同，人类文明也将不复存在。

　　一个粗略的计算表明，力的常数在所有可能的组合中恰恰构成了目前的组合，这种概率是极低的。如果真是这样，那么在至少 10 亿个由其他可能的力常数构成的宇宙中，只有一个宇宙包含了目前的力常数，从而让高等生命的出现成为可能。

---

　　① 　详见该书中的文章：《宇宙是为我们量身定制的?》。
　　② 　宇宙四大基本力为强核力、弱核力、电磁力和引力。——译者注

文明是罕见的，但却是频繁的

在一个包含了合适的力常数的宇宙中（比如我们所在的宇宙），智慧生物会不会在很多地方不断产生？在一个可能诞生生命的宇宙中，究竟存在多少个智慧文明？50年来，人类一直在寻找外星智能，但却一无所获，这已经间接证明了银河系不太可能是千万种外星智能的家园。逆向推断也是如此：依照地球稀有学说，形成智慧文明的重要前提实在太多了，多到整个银河系也许只有一个星球能满足，即我们居住的地球。我不仅相信地球稀有学说，还在《宇宙中的文明——人类是不是孤独的存在？》一书中提到过，银河系不太可能存在一只手数不过来的智慧文明。尽管银河系中有超过1000亿颗恒星以及比这还要多得多的行星，但拥有智慧生命的星体也许真的只有一个，就是我们居住的地球。

从另一个方面来思考，如果我们认为自己所在的宇宙是无穷大（或接近于无穷大）的，那么该理论背后蕴含的残酷逻辑，则会令我们成为唯一智慧文明的可能性变得极低[①]。虽然我们也许是银河系中唯一的智慧文明，但在其他星系中却可能存在很多很多个，甚至无数个外星智能。我的观点也呼

---

① 详见《黑洞历险记》中的文章：《我们不孤单》。

69

应了一个事实，那就是人类目前为止还没收到过来自外星智能的信息，在我看来，人类将来也不可能接收到这类信息①，原因很简单：生成交流信息所需要耗费的能量，以及传播这些信息需要耗费的时间，已经远远超过了所有人类文明的界限。

更多的意外

设想一下，假如在地球形成后不久，行星"提亚"（Theia）并没有因为撞击地球而形成今天的月球，假如它刚好避开了地球——这种可能性其实比撞击地球要高很多，那么我们今天便不可能拥有月球这颗如此巨大、能够稳定在地球轨道上的卫星。没有了月球，地球在过去千万年间的气候变化将会极为剧烈。依照进化生物学理论，高等生物根本不可能在如此剧烈的气候变化中出现。简而言之，只要"提亚"偏离一点点，今天的人类便不可能存在。来自其他星系的智慧文明如果了解这类意外，那他们可能会想："这么看来，银河系估计不可能有生命存在了，但其他亿万个星系呢？"

---

① 详见《黑洞历险记》中的文章：《为什么我们永远不可能与外星人交流》。

70

当然，他们这么想也有道理。人类以意外的方式来到了地球，并通过自己的知识体系明白了这一系列意外，所以人类才能够赞叹"提亚"真的亲吻了地球，从而让我们有幸生存在这个星球之上。

我们发出的赞叹，一方面是得知了小概率事件之后的必然结果，另一方面也是人类自我意识的产物，而后者恰恰是问题的关键！我们认为自己的存在是理所当然的，甚至是绝对必要的，并认为周围的世界必然会让人类出现，而不是刚好满足人类生存的条件。

换句话说，我们无法想象一个没有人类存在的世界，我们相信一切发生过的事情都是必然的，这些都是命运之神的大计划，所以在一系列难以置信的命运背后，一定隐藏着某个能够主导一切的力量。

人死后去了哪里？

自我存在的不可想象性有着一股极其强大的力量，这个问题让无数哲学家献出了毕生的时光。从古希腊、古罗马时代开始，西方宗教就都在预言人死之后的生活，无一例外。我们只能进行此类设想，因为我们无法想象自己死后真的会不复存在。

然而，要明白真相其实很简单。你还记得自己出生之前的时光吗？你能回忆起自己出生之前的情形吗？你觉得自己生前的时光就是一段昏暗的虚无，但这种虚无现在并不会伴随你的左右，所以也并不会干扰你现在的生活，难道不是吗？那么你也应当知道自己死后其实是一片虚无了吧（尽管听起来有点儿令人难以接受）。

　　无法设想死后虚无的场景，这虽然是人之常情，但在逻辑层面上却说不通。假如人类不复存在，那我们也没法思考（就像我们生前无法思考一样），难道不是吗？

　　"我就这么消失了？"

　　只要按照上文中的逻辑去思考，困扰我们的死后谜团便会迎刃而解。

　　再举个例子吧，假如某个孩子的母亲没有遇到她现在的丈夫，而是和自己的初恋结婚了，那这个孩子便不会来到这个世界。那么，"无法想象自己不存在"对他而言也就不再是问题了。同样的道理，由于孩子的妈妈没有和自己的初恋结婚，所以那个"属于她和初恋的孩子"也就没有出生，这个不存在的个体便不会被这个问题所困扰。

　　我们每个人，每一个个体，在世界上都是无足轻重的，就好比蚂蚁世界中的一只小蚂蚁一样。只是我们的意识不愿意接受这一点，因为人类意识无法设想自己的消亡——我们现在已经知道这种说法是错误的，依照镜像实验，3 岁以下的孩子是没有意识的，而成年大猩猩、海豚和喜鹊则存在意识，无论是哪种类型的意识。所以，直到今天，许多人仍然相信人类是物种金字塔尖上的皇冠，所以人类的存在也是物种进化的必然结果。这种以自我为中心的思维方式（以及由此产生的各种推断）被称作"人类中心主义"。

时至今日，"人类中心主义"依旧统治着我们的思维，然而形势却在悄然变化。在有关人类角色的研究中，同"人类中心主义"相对立的"人择原理"① 已经在科学界占据了主导地位。

---

① 详见《黑洞历险记》中的文章：《人择原理》。

大爆炸与永恒

——头脑中的大爆炸

有限的大爆炸，无限的宇宙，这二者之间究竟有什么关联？答案是：二者之间其实没有关联，我们必须要换一种方式思考。

人类的头脑中存在思维结点，只有突破了自己的思维极限，换一个角度来思考，我们才能解开这些思维结点。这件事听起来容易做起来难。顾名思义，思维结点是个人思考范围的边界，我们需要别人的帮助才能解开自己的思维结点，从而获得问题的答案。有时我们会反问自己：为什么我当时没有想到这一步？反过来说，当我们站在另一个角度考虑问题的时候，我们也会问自己——为什么别人当时想不到这一步？我们不得不反过来倒推自己的思路，才能明白他人的思维结点究竟在哪里。

什么是重力奇点？

　　为什么我要跟你讲这些？因为我也有过类似的经历。

曾经有读者问过我宇宙的形状①。他的问题是："有限的大爆炸和无限的宇宙之间究竟存在什么样的关系?"我的回答是："我们要改变一下想法。一个坍缩的宇宙，其奇点并不一定是有限大的，就如同其数学表达式 0/0 一样，这个奇点并没有得到定义。"

　　为了能理解这一点，我们必须仔细研究一下宇宙的三种不同的形状。我们的宇宙可能是正弯曲、负弯曲或无曲率（即所谓的平坦宇宙）。负弯曲或无曲率的宇宙从拓扑学②角度来看既可能无限，也可能有限，而正弯曲的宇宙则只可能是有限的。

　　假设我们的宇宙是有限大的，从位于 4 + 1 维空间（四维空间 + 一维时间）的观察者角度来看，它是一个密闭的、漫无边际的、无棱无角的空间体。那么我们必须要用这种方式想象宇宙大爆炸：在大爆炸的 0 时间点，宇宙是一个奇点，这个奇点已经展现出了人类生存空间的 3 + 1 维度。这个从拓扑学角度来看密闭的、极小的、体积有限的空间，在膨胀期间经历了极度的扩张，但却没有改变自身的形态。

----

　　①　详见作者另一本书《黑洞历险记》中的文章《空间曲线——我们的宇宙是什么形状的》。
　　②　拓扑学（topology），是研究几何图形或空间在连续改变形状后还能保持不变的一些性质的学科。

宇宙之外还有宇宙吗?

假如我们的宇宙从拓扑学的角度来看是无限大的（依照目前的宇宙学理论，这完全有可能），那么在大爆炸的那一刻，宇宙便已经无限大了。换句话说，大爆炸前一切皆无，而从大爆炸的那一刻起，无限扩张的宇宙就出现了。

要想更简单地理解这件事，你可以想象一下，在 3 + 1 维宇宙中发生了一次大爆炸，产生了一个 2 + 1 维宇宙。也就是说，在我们的眼前，一个无限薄的表面（无论是平坦的还是卷曲的）从虚无中产生了。因此，一个 4 + 1 维的宇宙中，也可能出现一个由大爆炸形成的、无限大的 3 + 1 维宇宙。

在分析过程中，我们必须明白：这个比喻以及我们对大爆炸场景的理解，都以存在 4 + 1 维宇宙为前提，但从数学角度来看（从现实的角度也是如此），一个位于上位的 4 + 1 维宇宙却并非大爆炸孕育无限宇宙的必需条件。我们的 3 + 1 维宇宙极有可能，却并非一定嵌套在一个 4 + 1 维宇宙之中。如果在这里使用一下奥卡姆剃刀（详见本书《奥卡姆剃刀法则》这篇文章），那我们就能明白，4 + 1 维宇宙有可能是不存在的。

一个无限大的宇宙还在扩张

宇宙大爆炸之后，空间在暴涨期间可能先经历了急速扩张，后经历了慢速扩张。也就是说，已经无限大的空间还在持续扩张。

要想理解这件事，我们不妨想象一下，假如有一个由橡胶制成的无限大的平面，一旦我加热这个平面，那么它还会继续扩张，内嵌其中的各个星系也会随之扩张。一个无限大的平面可以继续扩张，这种扩张能令它变得更大，但其无限大的特质是不变的。这便是隐藏在"无限"背后的残酷逻辑。

把嘴闭上!

外行的评论对于科学而言没什么好处,这么说来,《大众科学》关闭了在线评论功能也无可厚非。

为什么越来越多的人不再阅读纸质科学期刊，而是开始看网上的文章呢？

　　当然，速度更快、内容更新、费用更低，这些都是网络的优势。在西方国家，从2012年起，网络便取代电视，坐上了信息传播的第一把交椅。46%的网民每天都会在网上阅读新闻，但这些渴望了解信息的网民却不会胡乱阅读。他们会优先选择知名的科学期刊，以及严肃的新闻杂志门下的网站。

　　相关调查表明，最喜欢借助互联网了解信息的人（尤其是男性），本身也是受教育程度更高的人，他们也确实通过网络获得了更多的科学知识。然而调查结果同样显示，为了进一步了解信息，其中一半的网络读者还会继续阅读页面下方的评论区，或脸谱网（Facebook）及其他科学博客平台上的相关评论。

2013 年 2 月的一项研究在科学界引起了轰动。该研究证实，评论会严重影响读者对原文内容的认知，而且这种影响往往是负面的。

潜水读者

还有一类调查研究的是"潜水读者"，即那些只阅读但却从不像其他读者那样在新闻下方发帖，或通过其他渠道发表评论的用户。

我们中的绝大多数人都属于潜水读者，潜水读者对于科学新知的各个细节大多不感兴趣，而是更喜欢借助"启发法"来获得简单的理解。

打比方就是启发法的一种。比如，在刷车的时候，你肯定不想用太硬的刷子把车漆给刮花。所以在刷牙的时候，你也会想到应该使用软毛牙刷。这类比喻虽然很容易被大脑接受，但很多时候却是错误的。谁愿意花时间去研究牙科医学中的那些门道呢？

对于潜水读者而言，网络反而很难让他们获得正确的知识。这是因为新闻和评论的界限并不明晰；更糟糕的是，为了让内容更容易被他人接受，评论者往往会在自己的评论和博文中滥用启发法。

博客促进了意见的极端化

博主和评论者的目的，其实并不是让他人客观地理解一件事情，而是推销自己的观念和信条。为了达到目的，他们不仅会使用荒谬的、以偏概全的论证来"启发"读者，而且会像所有偏执狂一样对他人进行攻击，他们会使用嘲讽的，甚至带有侮辱性的言辞，例如"怎么会有人蠢到连这都不明白……"

这类粗鄙的评论，相信每个人都在网上看到过吧。

2013年2月的调查还发现，虽然读者评论能激发潜水读者的阅读兴趣，但却会降低他们对原文章的信任度。实际上，不仅读者对文章的看法会受到消极的影响，文章涉及的整个科学领域其实都会遭受冲击。为什么一提到核辐射或气候变化之类的话题（尤其在德国），科学家和公众总是会势不两立？原因正是这些评论。没有人愿意倾听来自对方的事实性观点，大家更喜欢在一个又一个博客上展开论战。

该项调查得出的最重要的结论是：这些没有质量保证的评论和博文并不会拉近敌对阵营之间的距离；相反，意见不同的阵营会变得更加极端。比如纳米技术的支持者会更信奉这项科技，而其反对者则会对其更加抵触。

此外，这项调查还证实了被广泛接受的看法，即老年人对新科技的恐惧感更强。

踩下刹车

鉴于这些令人失望的调查结果，美国著名杂志《大众科学》迈出了勇敢的一步：关闭评论区。在过去的 150 年里，《大众科学》为 45 个国家提供了适合公众阅读的科学信息，并因此获得了诸多奖项。出版方的这个决定其实是在告诉读者：“把嘴闭上吧，你们的评论已经拖了科学的后腿。”

但这个步子着实迈得太大了。我个人虽然完全能理解他们的决定，但对于这么有名气的杂志社而言，这种做法还是有些过了。

在我们的社会中，自由发表观点是一项重要的权利，只有在评论触犯了法律的情况下（比如出现刻意诋毁的言论时），我们才能收回这种权利。网站需要成立自己的监管小组，该小组的任务就是审核读者的评价，并严格依照相关规定移除违规言论。然而只有大网站的运营商，才有实力支撑监管小组的工作。

此外，科学对我们每个人而言实在太过重要，所以我们不能把科学的重担全都丢给科学家。即便不是内行，只要能在遵守规则的前提下共同参与科学探索，我们便能从科学中汲取更多的养分。这么做绝对比把科学放到一边要强得多。

钟表匠理论

我们的宇宙是由一个具有无穷智慧的造物主创造的？为了证明这件事，18世纪的神学家威廉·佩利（William Paley，1743—1805）提出了著名的"钟表匠理论"。

总体而言，在面对一切通过类比法得出的结论时，我们都应当持怀疑态度，即便某些结论听起来既简单又可信。

　　为什么呢？因为类比得出的结论，无论正确与否，其背后的逻辑关系都很难被看透。

　　"钟表匠理论"就是如此。直到今天，佩利充满迷惑性的论述依旧令很多人坚定地相信造物主的存在。

　　在《自然神学》一书中，英国神学家威廉·佩利是这么描述"钟表匠理论"的：从前有个人在沙滩上发现了一块表，由于表的机械原理很复杂，所以他断定这块表并非自然产物，它注定是某个钟表匠的杰作。我们人类以及世间各种动植物亦拥有复杂的构造，同这块表的道理一样，因此自然界，包括我们人类全部都是造物主的作品。

　　这段乍一听还挺有道理的话，究竟错在哪儿呢？

　　为了搞清楚这一点，我们要先研究一下命题逻辑学。抱歉，这里要先跑一下题，但我保证每位读者看完这段之后都能明白隐藏在背后的道理。无论何时，开动脑筋思考一番都是值得的，命题逻辑学就是最好的例子之一，其涉及的都是针对客观事实的命题。

"钟表匠理论"中具体涉及的是将钟表匠和钟表的关系延伸到造物主和复杂的事物上去。所以，我们首先要验证一下钟表匠和钟表之间的关系是否正确，然后再看一看这层关系能不能同别的关系相类比。

假如现在有两个命题，我们将其命名为 A 和 B。

A：世间存在一位钟表匠。

B：世间存在钟表的机械原理。

我们一眼就能看出的逻辑关系是 A 导致了 B（A→B），即如果世间存在一位聪明的钟表匠，而且他也愿意制作钟表，那么世间就会出现结构复杂的钟表。

佩利借助他的"钟表匠理论"暗示了一个道理——虽然他没有明说——即如果 A→B 是成立的，那么 B→A 也必须成立。即如果世间存在结构复杂的钟表，那么也一定存在一位聪明的钟表匠。

但这种反推一定成立吗？为了驳斥这种反推法的真实性，我们不妨举一个反例：

假设存在如下四个命题：

A1：这种动物是猫。

A2：这种动物是狗。

A3：这种动物是马。

B：这种动物有四条腿。

相信大家已经看出来了，A1→B，A2→B，A3→B 都是成立的，但并非每一个反推的结论（即逆命题）都正确。这其中最多只能有一个逆命题成立，甚至也可能一个都不成立，因为世间还有其他四条腿的动物。

所以我们可以得出如下结论：逆命题可能正确，但却并非一定正确。只有当 A 是 B 的唯一前提条件时，逆命题才是正确的。钟表匠和钟表之间的关系符合这一点，因为世界上的确不存在其他能让钟表出现的原因了。

错误的类比结论

然而"钟表匠理论"的类比结论却是个骗局，因为这个类比已经悄悄默认了"造物主"和"复杂生物"之间也存在这种一对一的关系，就如同钟表匠和钟表之间的关系一样。

基于这个前提，我们可以同时推导出两条结论，即"造物主如果存在，那他便有本事创造出复杂的生物"和"世间存在复杂生物，所以也就存在造物主"。

但我们能看出来，第二条结论明显是不对的。从达尔文时代开始，我们便知道是自然进化造就了复杂的生物。

90

换句话说，佩利的类比虽然无法排除造物主的存在，但同时也无法证明造物主的存在。这也就证明了钟表匠的例子和造物主根本就不是一回事（钟表匠和钟表之间存在一对一的逻辑关系，造物主和复杂生物之间不存在这种关系）。简而言之，"钟表匠理论"这条通过类比得出的结论，根本无法成立。

生命的意义是什么？

让我们犯糊涂的往往都是一些具有迷惑性，但实际上却并不存在的前提条件。另一个很好的例子便是本体论哲学中的经典问题：生命的意义是什么？

数百年来，无数哲学家绞尽脑汁思考问题的答案，然而问题的背后却隐藏着一个前提，即生命的意义是客观存在的。

如果要把问题描述得严谨一些，我们应当这么提问："如果生命的意义的确存在，那这个意义又是什么呢？"

这么看的话，答案就显而易见了。生命可能并不存在意义，但却并非一定没有意义。也许我们的存在没有什么更深层次的意义，但这绝不意味着我们的生命就毫无意义，因为"生命的意义是什么"这一命运攸关的疑问已经为生命赋予了某种意义，这个问题充满了主观色彩，换句话说，我们每个人都能去寻找属于自己生命的那份意义。

正如我们所见，进行深层次的思考往往是值得的。这样做能让我们的人生充满意义。

14

优雅地胡诌

过去和当代的胡诌大师是如何愚弄我们的?

这一章的主题是胡诌，即那些毫无意义的话。

2016 年 4 月 15 日，《时代周报》上一篇题为《说简单点儿》的文章引起了我的关注，文章的作者是雅夏·蒙克（Yascha Mounk）。这篇文章触摸了德语文化中的一个伤疤，即相信复杂的句子中注定蕴含着智慧。

由于相信这一点，很多文科中学都会有意无意地为学生灌输一个观点：要想考高分，就得写出复杂的句子；要想给别人留下深刻的印象，就得学着把话说复杂。

举个例子吧。1961 年，汉斯·乔纳斯（Hans Jonas）曾在《图片的自由——绘画人与人类的差别》一文中写道："然而，现在有一个感知的悖论，即我们感知到的情感对于体验真实的现实是必要的，通过在自己所忍受的现实中证明它，但也必须通过一定程度上的放弃，我们才能记录其客观性，以及其独立于自身的存在。"

盎格鲁－撒克逊人①的教育系统恰恰鼓励相反的做派。蒙克毕业于美国高校，现在是《纽约时报》的自由撰稿人，正如他所说的那样，美国的学生在必修课中接收的思想是使用简洁的句式、简单的词汇以及清晰明了的逻辑关系。经验告诉我，蒙克说得一点儿没错。20 世纪 80 年代，我曾在两所美国大学读过两年书，那时我面对的正是与德国截然不同的美式语言文化系统。

真、假、无意义

直到 1999 年，在读了艾伦·索卡尔（Alan Sokal）和吉恩·布里克蒙特（Jean Bricmont）的著作《优雅地胡诌》之后，我才真正开始对"胡诌现象"感兴趣。这本书的确值得一读！艾伦·索卡尔因 1996 年那次发人深省的"索卡尔事件"②而出名。这本书告诉我们，优雅的、充满艺术感的句子也可能内容空洞、言之无物。为了证明这一点，两位作者运

<hr />

① 盎格鲁－撒克逊人通常是指公元 5 世纪初到 1066 年诺曼征服之间生活在大不列颠岛东部和南部地区的文化习俗上相近的一些民族，属于日耳曼民族的一个分支。——译者注
② 索卡尔事件发生于 1996 年，是物理学家艾伦·索卡尔愚弄后现代主义学者的著名恶作剧。索卡尔向文化研究杂志《社会文本》投了一篇伪科学文稿，结果成功发表。——译者注

用了命题逻辑学的相关理论。

命题逻辑学研究的是命题的逻辑，尤其是一个命题是真是假。早在 20 世纪，维也纳学派的哲学家便已经通过研究命题逻辑学而闻名于世，其中最著名的一位是鲁道夫·卡尔纳普（Rudolf Carnap, 1891—1970）。依照他的理论，要判断一句话是对是错，不仅句子的语法必须符合规则，而且句子的内容也必须要有意义，比如"夜里比室外更冷"这句话虽然符合语法规则，但却不符合内容上的要求，所以这句话依旧是没有意义的。因此，卡尔纳普将命题分成三类：真命题、假命题、无意义命题。路德维希·维特根斯坦在自己的著作《逻辑哲学论》中拓展了卡尔纳普的意义论，他尝试依照后者的逻辑分析思维来运用语言，从而创建更深层次的哲学理论。

后结构主义的伪科学

为了激发我们的思考，索卡尔和布里克蒙特在著作中收集并分析了若干表述优雅，但却内容空洞的句子。在这里，我们暂举两例。

雅克·拉康（Jacques Lacan, 1901—1981）是法国心理分析师和后结构主义学家，他的著作在法国人文学者圈中反响很大，堪比弗洛伊德①在德国的影响力。除此之外，拉康还对数学、拓扑学情有独钟，甚至痴迷到要让自己的文章同时满足心理分析学和数学的理论要求。为了将拓扑学和心理分析学挂钩，他曾写下这段文字："从享乐的空间中获取一些被压抑、被终结的元素，这将构成一个区域，如若谈及这一点，那它便是拓扑。"从数学的角度来看，这句话就像是在开玩笑，因为在数学领域，一个区域只能说是"有限的、有边界的"，不能说是"被压抑的、被终结的"。此外，拉康从未在任何章节解释过他应用的数学概念与心理分析有什么关联，比如为什么"享乐"在拓扑领域会被视作"空间"。然而拉康的拥趸们却将这些句式结构支离破碎的文字游戏奉为圭臬，并将他的这些话当成了解读经典著作的最权威的理论基础。

社会学家、后结构主义哲学家让·鲍德里亚（Jean Baudrillard，1929—2007）同样痴迷于那些毫无意义的伪科学术语，比如他曾写过下面的话："我们复杂的、转移性的、被病毒污染的系统，暴露在指数维度（无论是指数的不稳定性还是稳定性）、偏心率和通过分裂进行无限分形复制的情况下，再也找不到尽头了。暴露在剧烈的新陈代谢中，我们的系统会油尽灯枯，没有命运，没有终点，没有他者，也不会再有厄运降临。"

---

① 西格蒙德·弗洛伊德（Sigmund Freud，1856—1939），奥地利精神病医师、心理学家、精神分析学派创始人，1895 年正式提出精神分析的概念，1899 年出版著作《梦的解析》，该书被认为是精神分析心理学正式形成的标志。——译者注

优雅的言辞没有意义：即使猪涂上口红，它依旧是一头猪

这些话你再读一遍也还是看不懂，因为此类句子虽然文字优雅，但其内容却毫无意义，或者用巴拉克·奥巴马的话来说就是："你可以给猪涂上口红，但它依旧是一头猪。"

这些言辞精致，但内容却晦涩难懂的话，其存在的意义就是给人一种高深莫测的感觉。

再举个简单的例子吧。美国 ABC 电视台的夜线新闻曾播出过一期访谈节目，名为《造物主有未来吗?》，在这期节目中，著名唯灵论者、量子神秘论者狄巴克·乔布拉（Deepak Chopra）曾给"意识"下过这样的定义："意识是各种可能性的叠加。"

对此，观众席中的物理学家列纳德·蒙洛迪诺（Leonard Mlodinow）精妙地答道："我虽然能听懂您说的每一个词，但却听不懂您说的话。"

这句话揭示了识别胡诌的关键点：如果你能读懂每一个词，但在反复阅读多遍之后还是看不懂整句话的意思，那这句话就是在优雅地胡诌。

如果用盎格鲁－撒克逊方言来评价的话，那这些含义空

洞的句子纯属"胡言乱语"（Gibberish）、"啰里啰唆"（Baf-flegab）、"一派胡言"（Bollocks）。或者更通俗点，就是在"胡说八道"（Bullshit）！

我们不能把"胡说八道"同"欺骗"相混淆。将这些哲学艺术家称作骗子，对他们而言是不公平的，因为骗子其实知道真相，"而'胡诌者'却并不在乎真相。他们只想借助语言迷雾给别人留下深刻的印象"，这是美国哲学家哈里·法兰克福（Harry Frankfurt）在其畅销书《论扯淡》（*On Bullshit*）中对胡诌者的评价。

大师效应

拉康和乔布拉之流造成的主要问题倒不是那些胡话，而是其对听众产生的影响。心理学家丹·斯波伯（Dan Sperber）曾将这种影响称为"大师效应"。很多听众都对大师的想法表示顺从：如果大师这么说了，那这句话肯定是有道理的，只是我等凡人注定无法参透其背后的门道罢了。

再举一个"大师效应"的例子吧。该案例的主人公是备受尊重的德国哲学家马丁·海德格尔（Martin Heidegger，1889—1976）。只要看看维基百科中介绍他的词条有多长，我们就足以看出他的地位了。

1924 年，海德格尔在马尔堡做了一场著名的关于时间概念的报告，在报告中他曾说道："总结一下：时间就是存在。我的存在，就是停留在当下的我通过在一定但不确定的已然发生中不断前行，它将变成停留在未来的我。存在就是时间，时间具有时间性；存在不是时间，而是其时间性。时间具有时间性这种基础说法是最真实的原则。"

你是不是有这种感觉：我能看懂他说的每一个单词，但却不明白他的意思。

具有批判精神的德国哲学家恩斯特·R.桑德沃斯（Ernst R. Sandvoss）曾在其著作中如此评价海德格尔的话："很明显，有些德国人就是喜欢将哄骗别人视作自己的天分，将伪装出来的高贵言论视作更大的智慧。"

德国科学型哲学家汉斯·赖欣巴哈（Hans Reichenbach，1891—1953）也做出过类似的评价："哲学家经常借助语言晦涩的一面来伪装自己平淡无奇的观点，再搭配上些许的错误和废话。"

卡尔·波普尔（Karl Popper）是一位有真才实学的哲学家，他对此的评价是："如果我们抵制不住诱惑而通过滥用语言来制造空洞的话语，那我们就必须要为这些话引发的迷茫和混乱负责。"

老版和新版的"胡话生成器"

借助精致的语法写出胡话，是每个学童都能做到的事，甚至现在的电脑都可以搞定。目前网上已经出现了所谓的"胡话生成器"，这台生成器可以随意生成假想出来的、看似含义深邃的话语。

你可以登录 http://sebpearce.com/bullshit/，然后点击"Reionize Electrons"，每点击一次，网页就会生成一段美丽的胡话。比如"今天的科学家告诉我们，自然的本质就是存在"，比如"我们会痊愈，我们会成长，我们终将重生"。

再贴一段老版本的"胡话生成器"生成的关于电力的胡话吧，这段话来自格奥尔格·威廉·弗里德里希·黑格尔（Georg Wilhelm Friedrich Hegel）的著作《精神现象学》："电是形态纯粹的目的，形态要将自己解脱出来；形态开始克服它的漠然，因为电是直接的体现，抑或是还没有从形态中解脱出来的，还在受形态约束的存在，抑或还不是形态的消融，而只是一个表层的过程，在这个过程中，差异离开了它们的形态，但依旧有形态作为条件，还没有独立于形态之外。"

科学界也有类似的胡诌现象。老练的信息专家已经让胡诌文章实现了自动化生产。他们开发出了计算机程序"SCIgen"，这个软件生成的专业文章甚至能愚弄一些老牌学术期刊。

借助上面提到的胡话生成器生成的胡话，心理学家彭尼库克（Pennycook）和他的同事在四项科研课题中研究了800名被试者意识中的"大师效应"。

调查的结果很好地证明了教育的意义：一个人的智商越高，分析思维能力越强，对高端胡话的怀疑程度就越高。反过来，那些更容易轻信胡话的人，对阴谋论观点同样缺乏免疫力。他们更加笃信宗教，更加相信某些超意识的元素，也更喜欢使用某些补充型、替代型药物。

内心的虚荣

在我看来，胡诌行为最深层次的原因还是文化背后的虚荣心，这种虚荣在我们的语言中也有所体现。谁如果想炫耀自己受过高等教育，那他一定会随时准备好秀两句拉丁语，而那些听不懂拉丁语短语的人则会乖乖把嘴闭上，避免出声。依照雅夏·蒙克的观点，我们应当教导自己的孩子使用简洁的语言，包括简短的句子、简单的词汇以及清晰的逻辑等，当然，我们首先要以身作则，避免矫揉造作的表达。

我们必须对一切内容都抱有适度怀疑的态度。早在中世纪，神学家、哲学家索尔兹伯里的约翰（John of Salisbury，

1115 或 1120—1180）就曾提醒过我们："对于古典作家的敬仰，不应当让任何一个人放弃使用自己具有批判精神的理智。"

在面对当代的"大师"时，索尔兹伯里的约翰的话同样适用。

15

女性科学观

——有面包才有性爱

很多人都觉得女性很复杂，但事实却恰恰相反。如果我们能明白基因是如何驱使女人行动的，那她们其实也不是那么难以捉摸。

人类并非自己的主人，而是基因的奴隶——这是过去 40 年来生物学领域中的重要论断。在潜意识中，我们的行动都是在为保证生存以及基因的多样性而努力。只要明白了这一点，不管对方是男是女，我们都能看透其行为。如果再配合一点点个人经验，那么女人马上就会像一本摊开的书一样，对你敞开心扉。

　　当然，生物要素并非唯一一个驱使我们行动的因素，社会因素和情绪因素也会施加自己的影响力，然而生物因素却会在潜意识中确立我们行动的大方向。了解这些生物因素，对于维系人际关系而言是至关重要的。

精子不值钱

生活意味着为了生存而争斗，这句话对于我们人类而言同样适用。为了让每一代人都能适应外部环境，我们的基因已经做好了准备。依照进化生物学的相关理论，要想完成这种适应，一个物种最好有两种性别，这样两性的基因便能够通过精子和卵子的结合造就出新的一代。对于哺乳动物而言，孕育和抚养后代的重任往往会落到其中一方的肩上。我们人类也属于哺乳动物，所以女人就必须要扮演这个角色。

俗话说得好，精子不值钱！对于男性而言，"制造新基因"的任务显然很轻。从生物学的角度来看，男性很容易被看透。他们会不断尝试用更广泛、更迅速的方式来传播自己的精子，并将培育后代的损耗降到最低，低到能保证后代在优良的条件下诞生即可。相比男性而言，女性内在的生物学动力往往更值得我们关注。

对女性而言，物质保障和安全感意味着胜利

怀孕会耗费女人的精力。在这之后，抚养孩子的重担主

要还是由女性承担，所以女性在挑选孩子的父亲时会十分谨慎，甚至近乎苛刻。怀孕可以，但在抚养孩子的过程中，孩子的父亲必须能把家撑起来。所以，在以创造生命（即俗话说的"组建家庭"）为目标的男女关系中，双方行为中的第一要素便是男人想要性爱，而女人却想要靠谱的生活来源以及长期的安全感，简而言之：有面包才有性爱。这种保障最好能以书面形式确立，而且有证人在场。

对于女人而言，男人在被问到是否会供养女人以及后代时，他当着证婚人的面说的那句"是"，才是婚礼的意义所在。所以我们很容易明白，为什么婚礼是女人生命中的高光时刻，而对男人来说却并非如此。

反过来说，丈夫希望妻子在性爱方面保持忠贞，然而从原始生物学的角度来看，这种忠贞并不符合女人的利益。

下一段我们就会聊一聊这件事。

女性会如何挑选自己的终身伴侣呢？她们会先从外部衡量对方是不是有成家的资本，也就是金钱。很多信号都可以帮助女性来判断男人富裕不富裕，比如昂贵的座驾几乎可以俘获每一个女人的芳心，无论她正处于哪一个年龄段。当然，其他一些更细微的信号也逃不过女人的眼睛，比如在为二人晚餐买单时，男人用的是什么颜色的信用卡（最好是黑金卡）。

男人的穿戴也是女人们注意的焦点。一旦女人开始打量男人，那她的目光一定会游遍他的全身：比如精致的鞋子

（非常重要），随性但不失品味的衣装（最好是知名毛衣品牌），当然还有手表（未必一定是劳力士，但这块表看起来必须要值钱）。

这一切元素，再加上他接对方的座驾，一定会激起女人的兴致，不是吗？当然，如果这些元素不到位，那这个男人也就吊不起女人的胃口了。女人的年龄越大（尤其在 30 岁以上），就越容易以这种方式来审视男人。你觉得这种论调太过世俗？相信我吧！至少 80％ 的女人都会在潜意识中这么做。

基因的质量也必须过关才行

基因质量是另一个能为我们带来内心动力的因素，这一点对男性和女性都适用。只有高质量的基因才能确保后代的健康。但基因的质量又是如何体现出来的呢？答案很简单：看容貌。

相关研究已经证实，一切能体现优质基因的容貌特征在我们的眼中都是美丽的。我们之所以会更喜欢对称的脸颊和浓密的头发，是因为不对称的脸颊暗示着某些早期疾病以及恶劣的生长环境，而这些因素背后隐藏的是糟糕的免疫力和差劲的基因。

作为另一个健康信号，女性的发质也是如此。女人的美貌往往暗示着强大的生育能力，比如丰满的胸部和70%的腰臀比便是理想生育能力的最典型特征。而高大的身躯（健康饮食的体现）、饱满匀称的肌肉，以及紧实的臀部，则是男性优良基因的特征。

总结一下吧：男人的策略很简单——抓住机会和美女缠绵。只有在最必要的时候，男性才会考虑保证后代的降生。而女性的策略则复杂很多：男性出众的相貌固然重要，但长期的物质保障、日常生活中的安全感，以及对后代的抚养却更为关键。

话说回来，女性究竟如何才能协调这些看似矛盾的因素呢？且听下回分解。

16

女性科学

——排卵期断电

在寻找伴侣的过程中，女人需要践行双重策略。她们需要拥有优质基因的、向往自由的美男子，但也需要一位值得信赖的父亲。这时，女人的策略又是什么呢？

我在上文中写道，男人的行为方式往往是一维的——和美女短暂的性爱就能让自己的基因与美女的优良基因结合，从而得以传递。但女性则要担负起大自然交给她们的那份生养孩子的重担。她们想让孩子有一个未必那么英俊的，但心中却充满慈爱的父亲，但另一方面，她们也想让孩子继承优质的基因。正如我们所见，这两个需求彼此矛盾，这种矛盾会让女人采取一套狡猾的双重策略，而这套策略有时则会令男人无法理解她们的行为方式。

社交男的美妙世界

　　帅哥的日子总是很好过，不信你可以观察一下单身男女的派对。女人们围着帅哥打转，而男人们则围着美女献殷勤。如果帅哥还拥有高大的身躯、幽默的谈吐、随性但不失体面的穿着，那他就算得上是一位有品位、懂交际的帅哥了，他们的这些特质，同时在暗示自己拥有较高的受教育程度和社会地位（如主治医生、历史学家等）。这样的男人一定会让女人难以招架，她们一定会蜂拥而上。然而社交男却精明得很，他们内心很清楚女人对自己的爱慕，因为在青春期阶段，女孩子们便已经用一波波赞美之词让他们看清了自己的魅力。他们的生活之道是不断更换自己的女伴，不建立长久稳定的关系。从专业的角度，我们可以将这类男人称为"社交中转站"（Hub）。Hub 一词来源于英语，在交通领域，这个词的含义是"中转站"，如果一座机场每天都有很多起飞、经停、降落的飞机，那我们便可以将这座机场称为"中转站"，同样的道理，德国大都市法兰克福也是一个中转站，当然还有乔治·克鲁尼①和休·格兰特②。

女人心里当然清楚"社交中转站"是多么不可靠。俗话说得好：大帅哥注定不属于某一个女人。"社交中转站"喜欢让自己成为话题，他们向往自由，但这种对自由的追逐一定会让女人脊背发凉。他们的行为方式注定不符合慈父的标准。

---

① 乔治·克鲁尼（George Clooney），美国著名演员、导演、编剧、制片人。——译者注

② 休·格兰特（Hugh Grant），英国人，好莱坞著名影星，威尼斯影帝。——译者注

那女人该怎么办呢？颇为有趣的是，一套双重策略已经深深地扎根在女人的基因之中，但她们却对此毫无察觉。

"值得信赖的父亲"更重要

对女人而言，为孩子找一位值得信赖的父亲，绝对是最最重要的事，这位父亲需要拥有看得过去的长相，以及虽然称不上完美，但却高于平均水平的良好基因。威廉·亚历山大王子①这类男人往往容易被女人挑走（至少统计数据是这样显示的。）参照相关统计数据，已婚男子的确更长寿，但他们的预期寿命能高于平均值，并非因为结婚这件事，而是因为优良的基因赋予了他们强大的免疫系统。这类男人并不是特别英俊帅气，所以他们也不会成为"社交中转站"。这类男人的妻子有理由为拥有这样一位值得信赖的一家之主而开心，事实上，她们也的确很会挑人。

然而女人在找伴侣的时候也会受到体味的影响，相关实验已经证明了这一点。女人会优先选择拥有与自己种族相似

---

① 威廉·亚历山大·克劳斯·乔治·费迪南德（Willem – Alexander Claus George Ferdinand），荷兰国王，生于 1967 年，2013 年 4 月 30 日加冕，接替前任的贝娅特丽克丝女王出任国家元首。——译者注

体味的男人，也就是与她们基因相似的男人。挑选一个来自"同一部族"的男人能给女人带来额外的安全感，让她们感觉自己的男人值得信赖。

如果无法断定男人的"部族"，那么女人会优先挑选来自熟人圈的男人，而不是自己完全不认识的，甚至是来自遥远地带的男人——谁知道这个陌生人会给自己带来什么麻烦呢？

排卵期断电

然而到了排卵期，女性的行为方式却会发生很大的改变。她们会突然反其道而行之，开始偏爱完全不同的体味，即蕴含了更多睾酮元素（更多男性特质）的体味，因为这种体味暗示着来自远方的优良基因。

女性雌激素和黄体素的增高促成了这种改变，这类激素变化的另一个结果是让她们拥有闪闪发亮的大眼睛。她们会在潜意识中悄悄打造自己，以前是以贝拉多娜①为原型，如今是以那些闪耀在聚光灯下的女主持人为范例。她们会释放典型的性感信号，比如撩动自己的头发，或者从角落抛出羞怯的、含情脉脉的眼神。这类信号一定会吸引男人的目光，尤

---

① 美国情色女演员。——译者注

其是那些"社交中转站"的目光。处于排卵期的女人，根本无法抵挡帅哥的魅力。

女性的双重策略往往是这样的：嫁给一个值得信赖的孩子他爸，然后在排卵期被拥有优质基因的帅哥迷倒。有趣的是，女性往往感知不到自己在排卵期的行为差异。一旦东窗事发，最吃惊的往往是她们自己，因为她们一直都觉得自己是忠贞的妻子。

有的人会对这种行为嗤之以鼻，觉得这样的女人脑子有问题，认为她们已经失去了理智。其实不然，自然的力量再一次战胜了社会道德观，从而让人类必需的基因混合成了现实。事实胜于雄辩：每 25 个婚后出生的孩子中就有 1 个"不是老公的孩子"。在德国，这个百分比可能已经高达 12.5%。

如何对待"别人的孩子"

对于被戴了绿帽子的男人来说，收获一个"来自别人的孩子"绝对是一件再糟糕不过的事。首先，这个孩子继承的不是他的基因；其次，他还需要为这个孩子花费心血。在动物世界中，雄性一方经常会毫不犹豫地杀死这样的后代。有趣的是，雄性这种凶残的行为，反而有助于雌性一方更快怀孕。自然的力量有时真的很残酷。

好在我们人类是一个文明程度更高的物种。社会在这种情况下会保护母亲一方，这种保护也是合情合理的。以前的妈妈并非一定要坦白后代的父亲是谁，因为社会利益（即增加一个拥有该种族基因的社会成员）比男性受害者的个人利益更加重要。时至今日，形势已经悄然反转，一旦这类孩子的身份得到了明确证实（例如借助 DNA 鉴定），男方并不一定非要养育这个孩子不可，因为福利院之类的机构可以承担起养育的责任。

这种方案对男性受害者更有利，对妈妈和孩子非常不利。一方面，妈妈要承受来自社会的歧视；另一方面，这些妈妈很难再组建新的家庭，而孩子也失去了父亲无微不至的关爱。从社会整体的角度来看，过去的解决方案显然更加合适，虽然也许会对那位蒙在鼓里的父亲有些不公（但实际上他不会因此而沮丧，因为他并不知道真相），但对妈妈、孩子以及对整个社会而言，这种隐瞒却大有好处。

17

你的寿命

你想知道自己能活多久吗？其实你可以精确地推算出自己的预期寿命。男人的预期寿命推算，其结果会比女人的更加精确。

谁不想知道自己能活多久呢？这个大体上的预期寿命其实非常好算，而且结果也还挺准。针对某个人群，我们已经可以通过评估一切导致死亡的危险因素（例如车祸、疾病、生活方式等），来推导出一组相当精确的、极具说服力的死亡率数据，并借助"生命表"来展现这组数据。

　　在德国，联邦统计局每隔几年都会更新针对德国人的"生命表"。联邦统计局最常公开的数据是"平均预期寿命"，即此时出生的德国婴儿未来的平均预期寿命：今天降生的德国男孩平均预期寿命是 78 岁零 2 个月，而德国女婴的平均预期寿命是 83 岁。

平均预期寿命对你而言没有参考价值

你无法通过平均预期寿命来推算自己能活多久。假如你是男性，刚刚过完了自己的 50 岁生日——到了知天命之年，我们往往都会思考一下自己的未来。如果你觉得自己还能活上 28 年，那你就大错特错了。为什么呢？因为你忽略了一点：50 岁的人和新生儿不一样。在过去的 50 年中，你已经躲过了很多潜在的死亡风险。

所以，现在你的关注点应该是：在已经活着度过了 50 年之后，我的生命还能持续多久。这个所谓的"包含前提的预期寿命"肯定远远高于 78 岁零 2 个月。那么，这个预期寿命究竟有多长呢？此时我们更应当关注的数据是"死亡率"，即针对每一个年龄段的单位时间死亡人数。

下文中引用的是来自德国联邦统计局的统计数据，统计图中显示了每个年龄段每 10 万人中的死亡人数，举个具体的例子，每 10 万个 50 岁的男人中会有 366 个人在这一年里死去，所以 50 岁的男人死亡率为 0.366%。而 50 岁的女人死亡率则是 0.207%。由于在 15 至 100 岁之间，女人的死亡率比男人要低，所以我们见到的寿星奶奶会比寿星爷爷更多，所以女性的平均寿命也会比男性高 5 年。

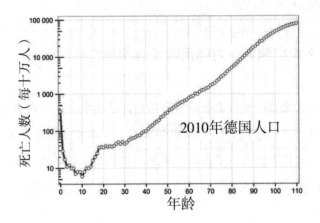

这张死亡率统计图为我们展示了 2010 年各个年龄段的德国居民（包括男性和女性）每 10 万人中的死亡人数。在这条对数形状的曲线中，10～100 岁这个年龄区间的数据近似一条直线。15～30 岁之间的数据曲线之所以曲折上扬，主要是因为这个年龄段的男人往往比较喜爱冒险。而70 岁前后死亡率上升得没那么快，主要原因则是这个年龄段的女人和男人相比死亡率较低。 （数据来源：Sven Drefahl，知识共享）

死亡率曲线是一条浴缸曲线

死亡率曲线是一条典型的"浴缸曲线"，即一条能够描述世间几乎所有"硬件"失效率的曲线。产品的使用寿命就符合这个规律：一辆新车可能会在自己的"幼年期"由于某种原因而无法正常工作，但过了一小段时间之后，这辆车便会告别自己的"幼年疾病"，开始正常运转，汽车修理和报废的概率会随着时间的推移而上升（确切地说是以指数级上升），所以一般情况下，一辆车开上15年就可以报废了。我们人类也是如此，幼儿时期的疾病，以及各种疏忽大意，都是造成儿童时期高死亡率的元凶。10岁孩子的死亡率是最低的，仅为0.01%，在这之后，死亡率又会逐渐上升。

15～30岁之间，人类的死亡率会以非同寻常的速度上升，这应当归因于我们的冒险冲动，尤其是处于青春期的男性。那些死于摩托车车祸的青年便是最好的例子。到了30岁之后，疾病便会成为死亡的主要原因，而且其背后的规律性会稳定得可怕。男性的死亡率 $q(x)$ 随年龄（x）的增加而上升，上升的速度同指数爆炸十分相似。

$$q(x) = 2.78 \times 10^{-5} e^{x/10.2} ①$$

计算男性寿命的方法

由于寿命会呈现很强的规律性，所以要计算一个男人的

余生时光绝非难事：如果我现在的寿命是 x_{heute}①，那么从今天开始，到我死去的那一年（X_{Tod}）② 为止，我每一年的死亡率相加结果应当为 1，因为我 100% 会死去。对于数学行家来说，这个积分公式很好推导，最终的表达式应当是：

$$x_{Tod} = 10.2 \times 1n \ (3526 + e^{x_{heute}/10.2})③$$

这便是自然对数的用途。借助这个公式，我们可以推算一个年龄在 30 岁以上的男人的预期寿命。比如一个 50 岁的男人，其预期寿命应当是：

$$x_{Tod} = 10.2 \times 1n \ (3526 + e^{50/10.2}) \ = 83.7 \ Jahre④$$

这种计算方式的波动幅度为 + 3 年到 – 4.5 年，换句话说，50 岁的你有 68% 的概率活到 79.2 ~ 86.7 岁。就算取一个中间值，那你还是能比新生儿（预期寿命 78.2 岁）多活五年半左右。

那么女性的寿命呢？就像生活中的任何时候一样，女人总是最难以捉摸的。她们的死亡率并非严格遵循指数曲线。虽然 30 到 70 岁之间的女性死亡率与曲线大体相符，但 70 到 90 岁的女性死亡率却与曲线有所偏差。不得不说，估算女性的寿命是很困难的。

---

① 即现有年龄。——译者注
② 即死亡年龄。——译者注
③ 1n（）是自然对数运算，括号中的数值必须大于 0。——译者注
④ Jahre，岁。

124

生活方式对寿命的影响

我们的实际寿命与上文中的平均数据之间可能会出现很大的偏差，这一点是肯定的。如果你已经50岁了，那么下面这些因素将会影响到你的预期寿命。

吸烟

普通烟民为 -3 年；大烟枪为 -6 年。

体重

超重（BMI①=30~35）为 -2 年；严重超重（BMI>35）为 -5 年。但骨瘦如柴也并非长寿之道，即便是保持正常的体重（BMI=18~25），预期寿命也要减掉 1 年，严重偏瘦（BMI<18）则会让预期寿命减少 7 年，只有轻微偏胖的人（BMI=25~30）才容易获得理想的寿命。

运动

同运动频率正常（即规律性散步或做操）的人相比，偶尔散步的人预期寿命要减掉 9 年，沙发一族则要减掉 11 年，经常健身的人预期寿命会增加 3 年。

饮酒

滴酒不沾为 -1 年；一天一杯完美；一天两杯为 -3 年；

---

① BMI 是身体质量指数（Body Mass Index）的简称。——译者注

125

一天 4 杯或更多为 –7 年。

已婚男人更长寿?

男人的寿命与婚姻状况也有关系。统计数据表明,已婚男人的平均预期寿命会比单身男人长 2 年!但我们不能太匆忙地下结论,尤其是不能简单地认为女人能帮助自己的丈夫延年益寿。之所以出现这样的统计结果,主要是因为"优良基因"这个变量在作祟。

拥有优良基因的男人往往拥有强大的免疫力,所以他们更容易挺过一些严重的疾病,最终活得更久。由于拥有优良基因,所以他们身上会少很多"疾病的烙印",比如皮肤上几乎没有伤疤,脸颊更美丽、更对称等。这些健康带来的美感会吸引女性,她们会想方设法嫁给这样的男人。女人对"优良基因"的嗅觉是与生俱来的,男人其实也一样,美女更容易吸引男人的目光,这是众所周知的道理。

18

人类文明的终点

关于人类末日的计算，背后隐藏着一个传奇但又暗藏着可能性的故事，故事是这样的……

故事发生在 1993 年，全球最知名的科学学术期刊《自然》刊登了物理学家 J. 理查德·格特三世（J. Richard Gott III①）的论文《哥白尼原则在预测未来中的应用》②。这篇文章的确值得关注，因为作者宣称世间一切物体的终结日都是可以提前计算的。这里的"一切物体"不仅可以是某一个具体的物体，而且包括抽象的群体概念，例如整个人类。

　　具体来说，对此他给出了一个清晰的数学公式，并用相对简单的数学方法证明了这个数据是真的。

　　既然作者名叫"造物主"，那我从现在起就将他的公式称为"造物主公式"吧。

　　格特的结论必然会遭到一众科学家的反驳。在随后的文

---

　　① Gott 在德语中是造物主的意思，但这位物理学家真的就叫这个名字！

　　② J. Richard Gott III, 1993：Nature 363, S. 315–319.

献中，"造物主公式"常被称为"末日理论"。这个公式其实不可能成立。原则上来说，未来是不可知的，因此也不可能被计算出来。从这个时期开始，数学家就开始不断尝试证明"造物主公式"的错误。然而经历了很长时间的努力之后，在事态逐渐平息之时，他们发现格特居然是对的，而且他的"造物主公式"也是对的。

"造物主公式"背后的道理其实很简单，甚至简单到令人不禁自问：为什么在格特之前没有人发现它？

接下来我会试着为你推导这个公式，这个推导过程乍一看可能会有点儿复杂，但只要多读几遍，明白了背后的道理，你就肯定会觉得"造物主公式"比你想的要简单很多。

那就让我们开始吧。

普遍事件的持续时间是可计算的

格特思考的起点是哥白尼原则，但哥白尼原则其实是一个公理（即无法证明的道理），其内容为：世界上没有哪一样东西正处于特殊的时间点或特殊的位置上。换句话说，宇宙中的每一个时刻，每一个位置，其地位都是平等的。迄今为止，哥白尼原则在宇宙空间学研究中的应用已经大获成功，我们可以借助哥白尼原则来证明宇宙是各向同性的，同时也是均匀的。没有哪一位科学家会怀疑哥白尼原则。

我们先随便选出几个宇宙中的客体（比如某一辆汽车，某一部手机，某一场足球比赛等），然后将其称为一个"事件"。依照哥白尼原则，某一个偶然间被观察到的事件可能正处于其存在时长（存在时长 = 可观测时间范围）的起始阶段或最终阶段，抑或正处于两个阶段之间（即中间阶段）。

以此为出发点，格特进行了如下论证：如果我们对某一事件的观察真的是随机发生的，那么我们观察到其起始阶段的概率很低，只有2.5%。同样道理，我们观察到其最终阶段的概率也只有2.5%而已。但当我们观察时，该事件正处在中间阶段某个时刻的概率却高达95%。

这对其未来的存在时间又意味着什么呢？假如我们观察的时刻恰好是中间阶段（即95%区间中）的最初时刻，那么这意味着该事件已经过去了1/40，还剩下39/40。换句话说，该事件的"未来时长"是其"历史时长"的39倍（我们往往可以通过各种手段确定某一事件的"历史时长"是多长，即某一事件已经过去了多久）。假如我们观察的时刻，恰好是中间阶段（即95%区间中）的最后时刻，那么该事件的"未来时长"则只有其"历史时长"的1/39。所以可以得出结论：如果我们的观察正处于这两个时间极点之间（发生的概率为95%），那么该事件未来的长度将会是历史时长的1/39到39倍。

如果用 t_f 表示"未来时长"，用 t_p 表示"历史时长"，那么这个数学公式可以写成：

$$\frac{1}{39}t_p < t_f < 39 \cdot t_p, \ für p = 95\%$$

这便是"造物主公式"。我们可以调整公式中的置信度 p，但由于统计学通常都将置信度设置为 95%，所以我们也省点力气，不再调整了。在接下来的分析中，我们将使用"1/39 ~ 39"法则。

人类有可能会在 780 万年之后消失

这对于我们这代智人而言又意味着什么呢？我们已经知道，智人起源于 20 万年前的非洲，因此如果用"造物主公式"计算一下，那么人类历史有 95% 的可能会在 39 × 200000 年 = 780 万年之内终结。780 万年之后，人类将不复存在。这个计算过程就不用多解释了。

然而我们却不必为这个数据而伤心，因为"造物主公式"背后的逻辑让我们确信，人类历史其实永远不会终结，只不过这个逻辑和我们想的不太一样罢了。我们不妨再认真看一下格特的"末日理论"：智人的存在时长有 95% 的概率在 780 万年以内。看到这条结论，我们不免会觉得人类历史注定会以悲伤的方式终结，而且终结的过程不可逆转。但"末日理

131

论"可不是这么说的！该理论只说了智人将会不复存在。我们大可不必为此而感到悲伤，因为智人是 20 万年前由直立猿人进化而来的，而直立猿人则是大约 100 万年前从能人进化来的，再往前推的话，能人是在大约 300 万年前从南方古猿进化来的。而智人同样经历了进化，今天的当代人（即智人中的亚种——晚期智人）是大约 4 万年前出现的。从祖先时代开始，人类进化的脚步就从未停止过，未来也注定不会停止。

这才是理解"末日理论"的正确方式。智人的起始和终结，仅仅意味着我们这个物种的存在时长，而我们只是人属家族中已知或未知的若干个物种中的一个而已。最多再过 39 × 40000 年 = 156 万年，晚期智人便会消失，因为进化会为我们带来更加适合生存的亚种，在若干次进化之后，智人最迟也会在 780 万年之后告别这个宇宙。而无论人属家族最终会进化成什么形态，最多再过 39 × 300 万年 = 1.17 亿年，人属也会从宇宙中消失。

19

什么？世界末日又要到了？

——周而复始的群体恐慌

"美国航空航天局（NASA）的一项研究表明，工业文明很快便会经历万劫不复的灭亡。"

2014 年 3 月末，全球媒体争相报导了这条消息。这到底可信吗？

随着时光的流逝，人类的部分观念已经根深蒂固、难以消除，比如在世界的许多角落，尤其是在西方国家，许多人坚信人类自从诞生之日起便是罪恶的，因此早晚会落入亲自挖掘的坟墓。

周而复始的世界末日

　　宗教的故事始于人的出生：因为人性本恶，所以即使什么坏事都没做，刚出生的孩子也注定要背负"原罪"——这种说法就好比爸爸应该在早晨提前扇儿子一个耳光，因为他觉得儿子一天中肯定会干些坏事一样。

　　在日后的生活中，人类会因为自己的恶行而经受末世的惩罚，只有最好的人才能存活下来，比如在大洪水中幸存的挪亚，而索多玛、蛾摩拉之类的"其他人"则依照造物主的旨意消失了，因为他们的品行已经堕落，因为他们沉溺于情欲而放纵了肉体。

没有人能在世界末日（即最后的大审判）中幸存，问题是这个末日什么时候到来。关于世界末日，仅马丁·路德①一人就曾预言过三次，分别是公元 1532 年、1538 年和 1541 年，但他本人却活到了 1546 年。

世纪之交也常常成为末日预言的热门时段，依照大主教西尔维斯特二世的说法，世界会在公元 999 年 12 月 31 日的黑夜消亡，而他的话很快就在欧洲范围内引发了群体性恐慌。

电视占星家伊利莎白·泰西尔（Elizabeth Teissier）曾预言 1999 年 12 月 31 日即为世界末日，虽然他的话没有再次引发群体性恐慌，但很多所谓的"末日生存者"已经悄悄开始囤积用来保命的物资了，自然地理频道甚至还为他们专门开设了一个系列节目。节目的内容着实荒唐，产生了很强的娱乐效果，赢得了颇高的收视率。

最后一次末日预言则是 2012 年 12 月 21 日。据说玛雅日历截止于这一天。我们是不是应当庆幸自己能活到现在？

---

① 马丁·路德（Martin Luther, 1483—1546），16 世纪欧洲宗教改革倡导者，基督教新教路德宗创始人。关于世界末日，马丁·路德曾说过一句名言：即便明天就是世界末日，我仍然会在今天种下一棵苹果树。——译者注

从纯科学的角度看待"世界末日"

20 世纪初，"文化哲学家"奥斯瓦尔德·斯宾格勒（Oswald Spengler）的著作《西方的没落》引起了轰动。截至今天，这本书已累计销售了 25 万册。当时很多人都觉得，如果这么有名的人都为此出版了一部作品，那世界末日之说绝非虚言。

1972 年，梅多斯（Meadows）夫妇的科研课题《增长的极限》可谓一石激起千层浪。在接受著名民间学术团体"罗马俱乐部"的委托之后，为了预测人类的发展，梅多斯夫妇以他们构建的"World3 模型"为基础，借助一个极为复杂的微分方程完成了对地球的建模。微分方程的一端是自然资源，另一端则是开采资源的人类。方程本身倒是不错的科研方法，然而仅依靠部分变量来完成研究是远远不够的。

他们的结论是：因为在一个资源有限的世界中，增长也必然是有限的，所以最迟 100 年之后（也就是 2072 年），人类便会开始走下坡路。德国大众基金会曾拿出 100 万马克来资助这项看似有里程碑意义的科研工作。该预言与当时正处于萌芽阶段的环保意识高度契合，因此他们的书受到了各界人士的追捧，销售量一度达到 1000 万册。

梅多斯夫妇事后曾解释道，他们之所以没在书中使用任何一个方程，是因为担心书的销量受到影响。两年后他们又出版了一本新书，题为《有限世界中的动态增长》。在这本书中，他们借助大量方程详细地介绍了自己的World3模型，但这本书却成了滞销品，据说只卖出了几百本。

然而对于科学家而言，这本书却比上一本要有用很多，因为它清晰地展现了World3模型的具体运转机制。

布莱恩·海耶斯（Brian Hayes）2013年发表在《美国科学》中的文章《电脑模拟与人类命运》非常值得一读。海耶斯在文章中指出，尽管World3模型应用了大约150个彼此相关的方程，堪称复杂，但这个模型还是会推导出过于主观的结论，原因很简单——这些方程包含了大约400个有关地球属性的常数。

但我们并没有办法精确地获得这些常数，例如"健康投资对平均寿命产生影响所需要的时间间隔"，或者"我们为健康花费的每一块钱，究竟能对我们的平均寿命产生多大的影响"。

这400个常数均来自梅多斯夫妇的估算。动手解过微分方程的人肯定明白，任何一个微小的数值变化都会对最终结果产生巨大的影响。"确定性混乱"是人类社会的特点之一，一个微不足道的缘由便可能引发一场战争，对于一个具备"蝴蝶效应"的系统而言，小误差对计算结果的影响尤其明显。

在我看来，"错进错出"就是海耶斯对World3模型的最终评价。当然，我并不是说关于人口萎缩的预测都是错误的，我们已经知道世界人口会在2050年前后开始下降，但这并非由于人类掠夺了自然资源。实际上，人口之所以会下降，主要是因为社会发展提升了世界各地人民的生活水平。

低端科学

梅多斯夫的发表研究结论的40多年之后，也就是2014年，马里兰大学政治系博士生萨法·莫特夏瑞（Safa Moteshar-rei）曾在位于安纳波利斯的美国国家社会经济环境综合中心从事过一段时间的研究工作。他没有想办法优化World3模型中的常数，而是直接应用了"捕食者—猎物模型"（Lotka – Volterra）中的两个方程。

这个诞生于1925至1926年之间的数学模型曾运用相对简单的方式，较为成功地描述了动物世界中捕食者和猎物之间（例如狐狸与兔子之间）的动态数量关系。在其本人创建的世界模型——HANDY模型中，莫特夏瑞将之前两个方程扩展成了四个方程，其中两个是关于自然（猎物）和人类（掠夺者）的，而另外两个则涉及"社会劳动者"（猎物）和"好逸恶劳的精英层"（掠夺者），此外他还定义了一个"不高产的群体"，其中包含了大学生、退休人员、残疾人、知识分子、经理等社会角色。

HANDY 模型的结果受到了社交媒体的广泛关注。这个模型仅仅应用了十来个常数便得出了如下结果（由于估算结果并不十分精确，所以他对这些常数也只能含糊其词）：只有不包含"精英层"的社会才能长久稳定。如果"劳动者"和"精英层"能够适度地开发自然资源，那我们的世界还能勉强存在。但如果"精英层"掠夺的自然资源是"劳动者"的十倍甚至百倍（就像我们现在的世界一样），那人类文明注定会走向灭亡。

莫特夏瑞用罗马帝国、玛雅文明和亚述帝国来举例子：如果目前的社会模式没有改变，那么大约 100 年之后，"社会劳动者"便会消亡，而"精英层"则可以利用自己囤积的财富再熬上 50 年。而在这之后，他们也将不复存在——这便是人类的"彻底消亡"。人类的历史居然如此简单！面对这样一个"模型"，我还能说什么呢？用"错进错出"来评价它都太客气了。

"大新闻"的出现是必然的

故事到这时才真正进入高潮。一个叫纳菲·扎赫迈德（Nafee Zahmed）的"命运学家"重拾 HANDY 模型，并于

2014 年 3 月 14 日在著名报章《卫报》的官网上发表了一篇博文，题目是《NASA① 资助的研究：工业文明是"人类消亡"的前奏吗?》。仅仅 5 个小时过后，文章的题目就变成了《NASA：工业文明是"人类消亡"的前奏》。

眨眼之间，这篇文章便在全世界的网络新闻平台流传开来。在这个过程中，媒体不停地添枝加叶，"NASA 资助的研究"变成了"NASA 自己的研究"，然后又变成了"NASA 的研究"。而博士生莫特夏瑞也摇身一变，成了"著名科学家"。据说他还把相关文章发表在了学术期刊上，期刊的出版方是著名的爱思唯尔出版社（但事后却找不出相关信息）。

掺杂了这么多权威的成分之后，该报道成功引发了轰动。5 天之后，《NASA 的研究——人类即将灭亡》便呈现在了读者的眼前。如果你对文章的内容还半信半疑，那不妨看看文章的配图吧，这可是来自 NASA 的原版图片（实际上只是一张在夜间拍摄的地球照片而已）。

2014 年 3 月 20 日，NASA 在官方平台声明自己与莫特夏瑞的科研项目毫无关联，当然，这类事后声明从来都没什么用。针对关于"NASA 资助"的询问，NASA 的回答是："2010 年 NASA 资助了马里兰大学的一个小型试点项目，目的是将一个气候模型融入该校的科研应用之中。在一个科研经费不到 3 万美元的附属项目中，科研人员通过将气候模型同人

① NASA 是美国国家航空航天局的简称。——译者注

140

口模型相结合，开发出了'HANDY 模型'，即一个用来展现人类与气候之间交互关系的简化模型。"

即便是这样的解释，也夸大了 NASA 的影响力，因为正如前文所述，HANDY 模型与 NASA 的气候模型一点儿关系也没有。

下一个"世界末日"定会到来

几分伪科学，几分被滥用的权威，再配上媒体添油加醋的宣传，一篇完美的"大新闻"就这么在互联网上诞生了。如果再在文章中渲染一下"人性本恶，注定灭亡"的消极论调，那这篇"大新闻"想不火都很难，因为悲观的思维方式已经深深地刻在了人类的基因之中。

所以我们可以断言，下一个"世界末日"注定还会出现。

气候变化是人类造成的吗?

"气候变化并非各种因素相互影响的结果,人类活动才是导致地球变暖的元凶。"

不少人坚信这一点。但是,这种可能性有多大?

气候变化已经成了让人闻之色变的话题。无论我们从哪个角度来思考这个问题，它都掺杂了几分意识形态的色彩。人们往往会分成两派，一派是人类过错论的支持者，他们坚信无论出现哪些与环境相关的问题，人类都必然难辞其咎，那些不相信人类对环境犯下错误的人可以去见鬼了。而另一派则是将头埋在沙子里的逃避者，在他们看来，气候变化只是媒体炒作的"大新闻"而已，这个问题不久之后便会自然消失，我们只需将自己置身事外，静静等待便可。这两个阵营势不两立，一旦哪一方胆敢前进半步，另一方便会立即开火，他们会将事实抛在脑后，不惜一切代价攻击对方。在面对气候变化、核能开发、基因技术等问题时，持有立场的人都是完全不讲情面的。

二氧化碳是气候变化的元凶吗？

我们人类能做的就是对科学信息进行梳理，然后找出问题背后的原因——这是很多人的思维模式。然而遗憾的是，科学的游戏规则并非如此。科学只能通过事实来排除错误的原因，但却无法推导出正确的原因（即卡尔·波普尔的证伪主义）。现在的问题是这样的：我们如何能借助某一个事实 B（比如过去的 110 年全球平均气温升高了 0.8℃）来推导出原因 A（比如大气层中上升的二氧化碳浓度）呢？

答案是：即便我们知道了某个合理的原因 A，即 A→B 成立，那么用 B 来反推 A（即 B→A）也未必成立。在《钟表匠问题》中我已经讲过了这个基本的逻辑问题。回顾一下吧，假如存在一个全能的造物主（命题 A），那么复杂而又神奇的自然界便得以存在（命题 B），也就是 A→B 成立，但反过来说，自然界的存在并不意味着造物主的存在，即 B→A 未必成立。事实上还存在其他的可能性，比如生物进化（命题 C），所以 B→C 也可能成立。

为什么要解释得这么复杂？因为这个错误的推断方式恰恰就是人类过错论者的错误所在。他们想当然地通过事实"升高的二氧化碳浓度可以让气候变暖"（A→B）便直接反推出了"地球气温的上升是由于人类排放了更多的二氧化碳"（即 B→A），这种推断可能正确，但不是一定正确。原则上说，科学界无法证明此类推断。除非我们能确切了解地球的气候敏感度，否则我们甚至无法做出一个可能性较高的推断。气候敏感度指的是二氧化碳浓度每升高1倍，地球平均气温上升的幅度。根据联合国政府间气候变化专门委员会（IPCC）最新研究报告中的说法，气候敏感度的数值为 $3.0℃±1.5℃$。这个数据的误差居然达到了 50%（$1.5/3$）！只有当气候敏感度的误差降低到 $5\%\sim10\%$ 时，我们才能针对二氧化碳浓度与气温之间的关系得出较为可信的结论，或者有力地推翻某种结论。但截至目前，我们还无法得出任何可靠的结论。

目前唯一可以肯定的是，人为造成的二氧化碳浓度升高的确为气温上升提供了助力，但我们无法确定这个助力究竟有多大。这股助力看样子很可能不小，之所以这么说，是因为极端气候的频率已经发生了变化。虽然极端气候在全球变暖之前也会出现，但却只是零星出现，这里来一波，那里来一波，只有当其出现频率超出了一定范围之后，我们才需要对其加以重视。最新的统计数据表明，目前气候变化引发的极端气候，其出现频率已经超出了正常值的 4 倍。在记录的范围内，其增长已经呈现出显著性差异，简而言之：极端气候已经不容忽视。

还有别的原因吗?

然而我们依旧要问：气候变化还有别的原因吗？这些因素的影响力又有多大？我们知道一定还存在其他重要的原因，比如地球轨道参数的周期性变化以及太阳活动强度的周期性震荡。这些因素曾经严重影响过我们的气候。在公元1100年前后，地球曾经出现过气候变暖，当时气温上升了大约0.3℃，格陵兰岛①上也出现了绿色植被。15—18世纪，地球曾经历了一段严寒时期，当时全球平均气温下降了约0.5℃，欧洲部分地区的气温甚至下降了1~2℃，造成此次严寒的重要原因之一是太阳的"蒙德极小期"（Maunder – Minimum，即一段太阳活动非常衰微的时期），而到了中世纪盛期，太阳又经历了一段较为活跃的时期。由于我们的气候与太阳光释放的能量高度相关，所以太阳活动的每次变化都必然会造成气候的变化，就如同温室气体必然会影响我们的气候一样。1900年起，太阳活动又开始活跃起来，目前的活跃程度与中世纪盛期时差不多。但对于地球温度的变化而言，肯定还存在其他的原因，例如甲烷、气溶胶等影响力更强的温室气体。

_____

① Greenland 的本意即绿洲。

根据 2013 年的新闻报道，全球气温在此前的 15 年中并没有继续上升，这条被媒体反复炒作的气候大新闻也呼应了我之前的观点，即存在多个可以左右地球气候的重要因素，而且这些因素的影响力各不相同。气候变暖真的会从此打住？我觉得不太可能。更有可能的情况是，除了上升的二氧化碳含量外，其他一些因素也同时左右了气候的变化。

做一个具体的假设吧：假如二氧化碳的排放量对气温上升的影响权重为 50%，而其他我们目前还没有得知的原因也有 50% 的权重；再假设一下，所有这些影响因素都在以同一个幅度上升，最终导致 20 世纪全球平均气温上升了0.8℃。假如那些尚未得知的影响因素此时开始下降，下降的速度与二氧化碳上升的速度相同，那么气温就会暂时停止上升。就好比大潮和小潮，月球引力对这些潮汐现象的影响权重为 68%，太阳引力则是 32%，如果太阳、月球和地球在一条线上，即出现新月和满月时，月球和太阳的引力效果便会叠加，大潮就会出现，而半月（即新月和满月之间）的时候，月球和太阳的引力效果则会相互抵消一部分，所以我们会看到很弱的潮汐（即小潮）。如果把这个模型应用在气候之中，那我们可以将之前经历的气候变化称为气候大潮，而在过去的一段时间，气候变化则进入了小潮。

我个人觉得事情大概就是这样，当然，某些其他因素也可能为气候变化按下了暂停键。无论如何，气候变化的停滞期绝非怀疑论者眼中那个"危险解除的信号"，而对于那些喜欢自我指责的人而言，停滞期就好比一封警告信，让他们明白"人类要为一切负责"的论调是毫无根据的。

要思考，不要轻信

气温上升带来的后果会对我们的生活造成哪些影响呢？人类的行为要对南太平洋海岛瓦尼科罗岛的消失负多大的责任？全球气温在过去110年间上升了0.8℃，这使得海平面累计升高了19厘米。谁如果相信那些末日论支持者的言论，认为这19厘米会让整个南太平洋地区被海洋吞没，那他不妨拿把尺子来，看看19厘米是多长，然后再好好琢磨琢磨。实际上，澳大利亚东北方向的很多太平洋小岛都位于澳大利亚大陆架上，而澳大利亚大陆架正在慢慢地向太平洋板块下方移动，其下沉速度比海平面上升的速度快4倍。尽管如此，瓦尼科罗岛这样的典型例子还是会对我们的观念造成冲击，所以这些例子总会被人提起。它们是构成思想和文化的基本单位（即模因），就好比是一只只征服了我们潜意识的，永远也不会从记忆中消失的脑虫，这便是它们存在的意义。我们会对这类例子深信不疑，就如同我们坚信特氟龙不粘锅是来自宇航业的发明一样。

21

气候研究

——科学家是盲人国里的一只眼

　　气候研究和"蒙眼捉人"游戏差不多，都是在黑暗中摸索前行。在下面两章我会告诉你，时至今日我们知道了什么，不知道什么，以及为什么气候变暖会如此难以预测。

"我知道我还有很多不知道的东西。"

　　相信所有严肃认真的气候研究者，都一定会老老实实地承认这个事实。从2016年底到现在，气候领域涌现出大量研究成果，打那时起，我便开始搜集气候研究的前沿动态，而开篇的那句话则概括了我的搜集成果。

　　依照著名科学理论家和哲学家卡尔·波普尔的观点，要想判断一门科学是不是真正的科学，预测能力是重要的标准之一，即这门科学能够从何种程度上预测未来的情形。

　　在这一点上，气象学研究堪称一场彻头彻尾的失败。没有人曾在20世纪90年代成功预测二氧化碳浓度上升的临界点，以及1998年和2002至2014年出现的气候变化停滞期。他们给出的预测图中都只有笔直向上的趋势线。

　　科学家甚至无法在事后解释这个值得关注的现象，这着实令人诧异，因为经验告诉我们，理论学家总能在事后解释一切，尽管他们的解释很大一部分都是垃圾。

最近一段时间，气候学家才开始逐渐明白停滞期背后的原因，但要想在未来成功预言类似的现象，他们还有很长的路要走。虽然气候学家的确比以前懂得更多，但总体而言，他们知道得还是太少。在盲人国里，一只眼就能当国王。

好吧，我承认这样的评价是有些严厉了。但搞明白一些事情所带来的快感会令科学家迷失，让他们无法看清事情本身的复杂程度。虽然我们应该为气候学家已经取得的成果脱帽致敬，但他们的话我们还是只能相信一半——请不要迷信任何一个声称"搞懂了气候"的人。也许你自己对气候一无所知，也许你在这个领域中是个"盲人"，但气候学家也不过是"盲人中的一只眼"而已。

关于气候和气候变化，我们今天究竟知道多少？

地球表面的温度是一个动态平衡，一端是来自外部的热能（即太阳光照），以及地核向地表传导的热能（地核的温度高达6000℃），而另一端则是地球向宇宙空间发散的热能（其中的一部分会被云层和大气层反射回来）。

在这若干股热流中，唯一恒定的就是来自地核的热流。太阳照射的强度会随着太阳黑子11年的活跃周期、地球轨道的椭圆度，以及地轴与黄道平面的交角而变化，后两个数据的变化周期分别为 26000 年和 41000 年。以上几个因素及其反馈效应共同影响了地球的冰期。

假如不考虑云的作用

对于气候学家来说，云层的覆盖绝对是一个大难题。一方面，云层会决定最终有多少阳光能到达地面——另一部分会被反射回去；而另一方面，云层和大气会共同构成一个保温区，这个保温区会控制地球向宇宙空间传导的热量。

气候研究的难点恰恰就在这里：科学家虽然知道二氧化碳以及少量的甲烷能够提升保温区的保温效果，但却无法弄清这些温室气体的具体保温能力。他们只能测试二氧化碳和甲烷的量以及气温的上升和下降幅度，并将两组数据进行关联，随后得出"多少二氧化碳会让气温上升几摄氏度"之类的结论，但他们并没有真正明白为什么会存在这个内在联系。只要有一个小因素发生了改变，这种数量关系就会出问题，他们的预测当然也就不再成立。气候变暖的停滞期就是一个很好的例子。

此外，复杂的云层结构也是需要考虑的因素：大片的云、小片的云、高空的云、低空的云、厚厚的云、薄薄的云、灰色的云、白色的云……云的所有特点，以及云在时间和地点层面的变化，都会影响地球热量的出入。

如果我问一位气候学家，上升的气温会对热量流动产生哪些影响，那他一定会含糊其词。因为上升的气温会令更多的海水蒸发，从而形成更多的云，这些云虽然会反射更多的阳光，从而冷却地球，但同时也会提升保温区的保温效果。

那么，云层到底会让气温上升还是下降呢？这个很难讲，因为答案取决于哪个时间哪个地点出现了哪种形态的云。云的大小、高低、厚薄、明暗等都是需要考虑的因素。云会出现，也会消失。关于云对气候的影响，气候学家无法给出一个笼统的答案。

22

气候研究

——错进错出！

只有详细掌握了所有气候因素以及这些因素之间的关联，我们才能预言未来的气候变化，然而当今的气候学家却不明白这一点。

假如没有那些厚厚的云层，那么为气候建模就简单了——这是我在上一篇文章中得出的结论。然而气候研究中还有一块难啃的骨头，它就是大洋。

　　海洋吸收空气中的热量和二氧化碳的量，取决于海浪的数量和高度，而这一点又与当地的风力相关。随后的某个时间，海洋会将其中一部分热量和二氧化碳重新释放到大气之中（然而这个因素又会受到其他地区风力的影响），而另一部分热量和二氧化碳则会随着纵向洋流潜入深海，并因此脱离大气。我们的海洋是一个巨大的热能仓库。全球性的洋流运动，以及洋流与大气的交互作用等因素都会对气候产生巨大的影响，但却没有一个气候学家能够真正明白其背后的具体运转机制。

万物皆流——一切都在变化

我们也不能忘了那些能进行光合作用的生物，这些生物每天白天都会将二氧化碳转化成氧气，但到了晚上则会将氧气转化成二氧化碳（即植物的"呼吸作用"）。

你知道吗？那些对人类生存至关重要的光合作用生物有一半都在海里，比如海藻和蓝菌。这些生物的数量会一直随着时间、地点、海洋温度以及周围环境中矿物质（如氮、钙、磷、铁等元素）的含量变化而变化。很久以来，我们都认为光合作用生物的二氧化碳转化率是稳定的，但近年来我们却发现事实并非如此。过去50年中，植物的转化率提升了1倍以上，原因是光合作用令植物喜欢二氧化碳，周围环境中的二氧化碳越多，它们生成的氧气量就越大，因此地球上的光合作用生物总量也在上升。实际上，我们可以从卫星云图上清晰地看到地球变得更绿了。此外，上升的气温还减弱了植物的呼吸作用，这一系列变化都使得地球上二氧化碳的下降速度超出了我们的预期。

南北两极不断缩小的冰层令海洋对太阳光的吸收量增加了4倍，这会令气温继续上升。相反，人类排放的二氧化碳在2015年和2016年并没有继续增加，这个结论可能令许多人感到诧异。

当然，每个地区的情况不一样，中国每年的二氧化碳排放量会下降1%，美国则会下降2%，这两个国家加起来占据了全球二氧化碳排放量的45%，而其他国家，包括欧洲国家在内，其二氧化碳排放量还在继续上升（德国每年上升1.4%，印度每年上升5.2%）。

错进错出

为什么我要费这么多笔墨来叙述这些细节？因为我想说明，影响气候的因素实在是太多了，这些因素互相交织，有时会借助彼此的力量愈发猖獗，如同一个恶性循环，而有时则会受到彼此的影响而减弱。一个不完整的气候因素关联模型会得出错误的结果，从而让人做出错误的预判。这便是"罗马俱乐部"的错误所在——他们建立了一个令人毛骨悚然的模型，并借助该模型于1972年发表了《增长的极限》一文，预言了人类文明的没落。

虽然气候专家今天使用的模型比"罗马俱乐部"的模型要精细很多，但依旧不够出色，在气候变暖的停滞期面前，这些气候模型无一例外地失败了。如果气候专家不懂得谨言慎行，那他们今后还可能闹出更大的笑话。

为什么气候变暖会出现停滞期?

针对停滞期的出现，科学家的观点还不统一，但海洋吸收热量的增加（即海洋吸收并转化了大气中增加的部分热能）肯定会对气候产生影响，此外，光合作用生物的增加以及其吸收的二氧化碳的增加也会发挥一定的作用。换句话说，自然进程的不确定性正是其背后的原因，过去如此，今后亦是如此。

谁如果现在就开始暗自庆幸，觉得气候变暖根本就没什么可担心的，那他就大错特错了。停滞期仅仅意味着全球变暖的速度没有继续上升，而"只是"保持了匀速而已，相当于大气没有再给自己的变暖踩油门。然而这一切在2015年已经出现了改变。厄尔尼诺现象开始愈发猖獗，气候变暖的速度也开始重新上升。

对于目前的气候变暖，我们究竟了解多少?

过去的1个世纪，人类向大气排放了更多的二氧化碳。这仿佛是全球平均气温上升1℃的原因。自然和人为的影响（例如 20 世纪 50 年代和 60 年代出现的悬浮颗粒物）使得气温上升的速度出现了波动。现有的气候模型着实不够精准，无法用来研究过去的波动或预测未来的波动。那些借助气温平衡状态进行的推算（即便这个平衡状态真的存在），即预言如果目前的二氧化碳排放量不变或以稳定的幅度略微上升，那么全球的平均气温将会上升多少度，在我看来就如同算命一样。

　　研究气候变化是一项极为复杂的工程。我们有伟大的气候学家，他们已经做到了自己能做的全部，并且已经弄懂了很多东西。然而在这个复杂的地球系统中，这个"很多"也还是远远不够的。我们面前还有一大堆工作要做，还有很多新知识有待挖掘。在弄懂一切之前，我们必须保持谦卑的态度，并坚持降低二氧化碳和甲烷的排放量。对于气候变化而言，降低温室气体的排放是一件 100% 正确的事。

"宜居星球"的背后都有哪些故事？

　　媒体几乎每个月都会针对新发现的那些与地球类似的、有外星生命的，或适宜人类居住的星球进行报导。但那里真的有外星人吗？

2016 年 5 月初，又有媒体报道科研人员发现了 3 颗潜在的宜居星球。然而我们这些年已经听了太多类似的消息。

    这类新闻我们可能都懒得再点开看了。

    旧瓶子里还能不能装点儿新酒？所有这些报道全都基于一个常识，即我们很多人信奉的"大众多元论"——既然宇宙中还有如此多的星球，那么有理智的人都该相信外星智能一定存在。我们的媒体会将每一个与地球类似的新星球，以及每一次不明飞行物（UFO）的到访都描述成外星生命存在的证据。我们会点点头，然后告诉自己：我早就知道有外星人。萨克拉门托城市学院的哲学教授罗伯特·托德·卡罗尔（Robert Todd Carroll），曾经将这种对外星人的笃信称作"太空时代的神学"。

外星人真的存在吗?

我的意思并不是外星人不存在。恰恰相反，人类的存在已经证明了在这个无穷无尽（或几乎无穷无尽）的宇宙中肯定存在着很多外星文明。但关键是，这个说法对人类而言毫无意义。因为我们只能看到距地球 100 光年之内的星球，也只可能前往这些星球，或者收到来自这些星球的电波信号。

一切与我们相关的生物必须生存在直径为 10 万光年的银河系之内，但与银河系最近的一些更大的星系却距离我们几百万光年。即便是光都需要几百万年时间才能到达那里。它们与地球的距离，已经远远超出了我们人类的通讯范围，前往那些星系更是想都不用想。

在《黑洞历险记》中我已经说过，UFO 肯定不是外星人。然而"UFO 等于外星人"的说法似乎坚不可摧。比如读者塔蒂亚娜（Tatjana）就曾写信告诉我："您也该下定决心让自己看清真相了，政府通过媒体宣传以及收买科学家发布的那些消息早就没人信了。"

我想强调一下，目前为止还没有哪个外星人收买过我，让我发表对 UFO 不利的观点。如果未来有外星人想要跟我谈谈，那我一定会先给他取名为 Knut，然后用他贿赂我的钱把他送到动物园，让他在那里度过衣食无忧的一生。

究竟哪些系外行星才是"与地球相似"的行星？

"与地球相似"的行星究竟应该是什么样子？一个星球究竟要多像地球，才能让外星人得以生存？

这个问题我在《黑洞历险记》中同样提到过。早在开普勒－438b（Kepler－438b）和开普勒－442b（Kepler－442b）行星被发现的时候我就说过，无论我们如何定义"相似"这个概念，"与地球相似"都并非最重要的条件，最重要的是该行星一定要位于恒星的宜居带内。只有同恒星的距离符合这个条件，恒星的光线才会让行星上的水资源既不会太冷（会凝固成冰），也不会太热（会蒸发成水汽）。液态水是一切有机生命体的基础。

超低温矮星？——谢谢，算了吧！

2016 年在恒星特拉比斯特－1（Trappist－1）周围发现的那两颗有居住潜力的行星怎么样？特拉比斯特－1 是以比利时产望远镜特拉比斯特命名的，这台望远镜装配在智利拉西拉天文台中，该天文台隶属于欧洲南方天文台。单是比利时科学家为这颗恒星建立的网站，就足以证明这次发现令他们多么骄傲。

但只要认真看下网站里的内容，我们就能明白这次发现的背后有哪些门道。科学家将这颗恒星称为"漂亮的小不点儿"，而我想说，"小不点儿"意味着特拉比斯特－1周围的行星上不可能存在生命。

恒星特拉比斯特－1只有太阳质量的8%，这个质量只能勉强让氢核发生聚变，所以它释放的光能也只有太阳的0.05%。人们将这类恒星称作超低温矮星，因为其表面温度"只有"2250℃，而太阳表面的温度却高达5400℃。由于其表面的"低温"，所以特拉比斯特－1的两颗行星要想收获足够的光照，必须要十分接近恒星才行，这个距离要比地球到太阳的距离近很多。具体而言，这个距离只有地日距离的1/90到1/70。而我们星系中距离太阳最近的水星，与太阳的距离也达到了地日距离的1/3。因此，特拉比斯特－1的两颗行星公转周期只有1.5~2.4个地球日。

据说两颗星球的表面平衡温度分别是12℃~127℃以及-31℃~69℃。这个温度范围听起来还能接受，但却无法体现行星表面的真实情况，因为一旦行星距离恒星如此之近，那么行星的自转和公转周期就会重合，最终形成同步自转，这会令行星一面总是朝着恒星，而另一面则永远背着恒星，进而导致面向恒星的一侧出现生物细胞根本无法忍受的炙热天气（我估计有几百摄氏度），而另一面则是极度严寒（大约 -200℃）。至于温差究竟会有多大，要取决于行星是否拥有大气层，如果没有，那表面温度就和我刚才说得差不多，如果有大气层，那么热浪会随着持续不断的风暴从一侧转移到另一侧。虽然此时温差会小一些（大约100℃），但这个环境对于高等生物而言还是太严酷了，外星文明依旧无法生存。

观察一下目前已经发现的3000颗恒星，我们就能明白，它们中没有一个能基本符合类地行星的标准（位于宜居带内、半径与地球相仿、有大气层、不存在同步自转），但这并不意味着太空中已经没有什么可搜寻的了。

更可能的情况是，借助目前的手段，我们还找不到那些围绕着合适的恒星旋转的类地行星。如果真是这样，那我们能做的就只有等待下一代天文望远镜横空出世了。

拉坦 -600 望远镜捕获了
来自外星人的信号？

外星人曾经尝试联系我们？ 2016 年年中，媒体报导

了拉坦 -600 望远镜（RATAN-600）捕获的诡异信号，

这一系列报导足以引起我们关于外星人的猜测。

这个故事的开篇颇为荒诞。2016 年年中是媒体报道的淡季，所有的媒体都在挖空心思寻找各种能吸引眼球的新鲜事。

　　当时一个名叫"科学警报"（Science Alarm）的网站公开了俄罗斯望远镜捕获的一个神秘信号。由于该信号是一颗位于 95 光年之外的，名叫"HD 164595"的恒星发出的，所以它很可能是来自外星文明的呼唤。

　　是啊，如果不把报道渲染得这么有"科学色彩"，又有谁愿意相信呢？这条消息很快传遍全球，人们纷纷开始探寻真相，而我本人也搜索了相关信息。

2015 年 5 月 15 日究竟发生了什么？

让我颇为惊讶的是，这个信号实际上早在 2015 年 5 月 15 日便被捕获了，但媒体为什么直到 2016 年年中才放出消息呢？我最终在博文里找到了答案，剧情应该是这样的：俄罗斯科学家用他们建在格鲁吉亚边境附近的拉坦－600 望远镜搜寻银河系的科学奥秘。此外他们还用这台望远镜搜索来自外星人的信号（SETI），对于望远镜运营商来说，这算不上什么新鲜事，因为科学家可以借这个理由，在自由观测时间中借助望远镜研究一些自己感兴趣的事情。而就在 2015 年 5 月 15 日，他们接收到了下图显示的信号。

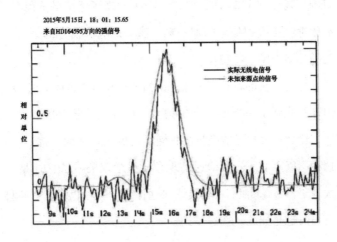

这个突然强烈的信号意味着什么？研究这个问题之前，我们必须要明白拉坦－600天文望远镜的工作原理。它的构造与其他的天文望远镜不同。该望远镜的反射板包含了很多面小镜子，这些小镜子在地面上排列成一个大圆圈，将来自同一方向的电波集中反射到位于弧形正中点的中央接收器中。小镜子具有倾斜功能，以便让望远镜接收来自不同方向的信号。如果望远镜要从侧面斜向观测，那么圆形接收波便会被压缩成一个狭窄的椭圆形。此时拉坦－600的探测范围只有一个狭窄的扇面，这也是它的劣势，毕竟拉坦－600不像一般的天文望远镜一样拥有完整的可倾斜球面接收板。环面设计的好处是可以大幅度节省开支，因为观测者在操作时不需要倾斜整个球面，而只需要倾斜若干面小镜子即可。

在那一天的自由测量时间中，科学家对一个特定的角度范围反复探测了39次，但只有一次发现了之前的异常信号。在望远镜接收到信号的那一刻，狭窄的椭圆信号的中心点指向的是HD 164595恒星。

经验丰富的科学家都知道，如果对同一个角度测试39次，但却只收到了一次不寻常的信号，那肯定是某个环节出了问题，比如信号也可能来自接收椭圆的侧面（地面干扰）。对于这种原因不明、转瞬即逝的现象，科学家的看法往往是"一次等于没有"，他们不会继续在这件事上花心思，俄罗斯科学家当时也是如此。

马可尼感兴趣

然而，在拉坦－600 工作区工作的意大利科学家克劳迪奥·马可尼（Claudio Maccone）却并没有放过这个信号。2016年，他在浏览数据时发现了该信号，于是便给朋友保罗·吉尔斯特（Paul Gilster）发了封电子邮件，介绍了此次探测的结果。马可尼同时还给 SETI 研究所的著名天文学家塞斯·肖斯塔克（Seth Shostak）以及同事埃里克·科尔佩拉（Eric Korpela）发了电子邮件，征求了他们的看法。

8 月 27 日，保罗·吉尔斯特在他建立的太空探索网站上首次对该信号进行了公开评论。他的分析十分中肯：HD 164595 是一颗恒星，大小相当于我们的太阳，距离我们 95 光年。同时它还有一颗行星，该行星的质量是木星的 0.05 倍（几乎与海王星相同），公转周期仅为 40 天。尽管不能排除 HD 164595 周围还有更小、更像地球的行星，但由于距离恒星过近，所以行星上的气温对于外星生物来说实在太高了。他的结论是："从这一观察结果我们无法推断出外星文明的存在，我们只能说这个信号很有趣，值得进一步研究。"

作为第一个表态的 SETI 研究所内部人员，科尔佩拉于 8 月 29 日发表了关于该信号的评论。他在博客中明确表示，目前的迹象预示着该信号极有可能与外星人无关。肖斯塔克将他的艾伦望远镜阵列调到了 HD 164595 恒星的方向，然而却没发现什么特别之处。他在邮件中的描述还是一如既往的谨慎："就像所有的 SETI 实验一样，你不能用错误的测量方法证明没有外星人，而只能用测量到的信号来证明他们的存在。"

对于这两位科学家来说，这件事也就到此为止了。

让商业内部人士见鬼去吧！

然而戴夫·摩西（Dave Moshe）却不想放过这个信号。他就是"科学警报"网站的经营者，还自诩为"商业内部人士"——拥有这类头衔的人，其实已经触发了我们心中所有的警报。他阅读了吉尔斯特的博客和肖斯塔克的邮件，然后于 8 月 30 日以"警报"的形式将这个信号挂到了自己的网站上。

他的评论提到了肖斯塔克的一句话："信号非常微弱，但是如果它来自距离我们 95 光年的 HD 164595 恒星，那么其强度必须达到 50 万亿瓦特，地球才能接收到这个信号。"

所以，按照摩西的说法，如此强烈的信号必定来自一个高度发达的文明。借助网络炒作，这条以猜测为根据的消息仅仅几小时就传遍全球。

信号的真面目是什么？

高度复杂的文明？

是的，如果信号确实来自 HD 164595 恒星的话。但问题是信号真的来自那里吗？关于这个信号，肖斯塔克曾在 SETI 学院门前接受过采访，我们可以在《世界报》的官网上看到采访的视频。

在搪塞了好长一段时间之后，肖斯塔克终于承认当时可能有飞机进入接收路径，并通过反射产生了一个微弱的信号。这种反射对我们而言并不陌生，因为人造卫星也会偶尔将某一个信号源的强信号反射到望远镜的接收器上。科尔佩拉在自己的博客中同样提到过这种可能性。

事情发展到这里，信号背后的谜团很可能已经解开了。

然而接下来的问题是：为什么肖斯塔克这样权威的天文学家还要不停地兜圈子，用"如同所有的 SETI 实验一样，你不能证明没有外星人，而只能用信号来证明其存在"之类的模棱两可的说法来搪塞媒体，忽悠那些"商业内部人士"呢？

答案就在 SETI 研究所本身。人们为这个研究所砸钱，是为了让它寻找来自外星人的信号，而不是排除外星人存在的可能性。此外，肖斯塔克还在 2004 年夸下海口，宣称能在 2024 年之前找到外星人的信号。任何一个如此相信外星人存在，并为此拿了赞助经费的人，都必须要让每一条关于外星信号的新闻保持热度。原因很简单：只有这类新闻才能让科学家走进媒体，一条否定信号来自外星人的新闻是不会被媒体盯上的。

所以，下一个来自外星人的信号注定还会出现。

太空中的文明

——我们的地球是独一无二的吗？

目前为止，人类已经发现了 3700 多颗外太空行星，但其中没有一颗能像地球一样为生命创造适宜的环境。这意味着我们的地球是独一无二的吗？

人类一个接一个地发现外太空行星。

2016 年，NASA 一口气公布了 1284 个新发现的行星，但 NASA 紧接着又宣称，这些行星之中，只有 9 个行星形状与地球相似，并且位于对生命而言十分重要的恒星宜居带内。

如果把其他条件考虑进来，例如拥有与地球类似的半径、包含大气层、拥有适宜的气候条件、不存在围绕恒星进行的同步自转等，那么和之前发现的行星一样，这些行星都不是真正意义上的"与地球相似"的行星。

外星文明，让希望大起大落

人们开始逐渐怀疑，为什么与地球相似的行星这么难找？

是不是有魔鬼在作怪？这么多颗行星，居然没有一颗和地球相似！

我们发现外星文明的希望历过几番大起大落：20世纪60年代诞生的德雷克等式曾经让我们可以计算出银河系中外星文明的数量，甚至有科学家借助这个等式预言银河系有数以百万的外星文明存在。

然而，一旦好好审视一下德雷克等式，我们便会发现它其实毫无价值，因为要想借助等式推导出一个新知识，我们必须要先把这个知识预设到等式中去。相信银河系存在百万文明的人，可以用这个等式得出这个结论，但那些不相信外星文明存在的人也可以用这个等式来证明自己的结论。

到了2000年，彼得·沃德（Peter Ward）和唐纳德·布朗利（Donald Brownlee）出版的新书《地球殊异：为何复杂生命在宇宙中并不普遍》轰动了全球，甚至在专业领域内也引起相当大的反响。作者在书中写道，宇宙中（作者指的其实是银河系中）存在智能生命的可能性极低，人类很有可能是独一份。此书对于那些相信外星人存在的人而言，如同当头一棒。

但没过多久，大量发现的系外行星使得被广泛接受的"多元论"重现曙光：如果太阳系之外还存在如此多的行星，那么智商正常的人都会相信宇宙中存在其他智能生命，难道不是吗？

时至今日，这个论调又出现了回冷的趋势：这么多的系外行星，却没有一个与地球相似，这又是为什么呢？

一般情况下，星系是这样形成的

与地球相似的行星之所以难找，其中一个重要的原因是与地球大小类似的行星很难被发现。大行星容易被天文望远镜捕获，较小的行星却经常成为漏网之鱼。即便这样，我们还是应该可以发现一些距离地球较近的星系中的较小的行星。然而事实是我们并没有发现，这也呼应了最新的计算机模拟结果——所有的一切表明，我们太阳系的行星系统几乎是独一无二的。

45 亿年前，即太阳形成后大约 7 千万年，木星诞生了。每个星系中都会存在如木星般巨大的气态行星。这类气态巨行星就如同吸尘器一样，将恒星外部空间内的气体全部吸附，同时确保星系能够维持最初的旋转角动量。

在每一个星系之中，气态巨行星都会在形成后不久开始朝恒星的方向运动（即向内迁移）。在迁移的过程中，它们会吸附那些挡路的微行星（微行星是小行星形成前的胚胎）。

一般情况下，这类微行星都会撞向恒星，或者停留在一条与恒星十分接近的轨道上，就像特拉比斯特－1 星系中的那些小行星一样。如果太阳系内的气态巨行星遵循一般规律，那么它会在位于水星和地球之间的某个距离点停止向内迁徙，并永远停留在这条轨道上。这样说来，气态巨行星将不会给地球大小的行星任何幸存的机会，因此在其他星系中也找不到与地球相似的行星。

太阳系不一样

然而我们的太阳系却与众不同。在木星诞生后大约 3 千万年①，太阳系中出现了第二个气态巨行星——土星。土星在形成之后同样在朝着太阳向内迁移，然而由于土星的体积比木星更小，所以其迁移的速度比木星快很多。大约 30 万年之后，土星就在今天火星的位置附近追上了木星的步伐，然后同木星形成了 2：3 的轨道共振，换句话说，在土星完成 2 次完整公转的时间内，木星要完成 3 次公转。这导致了这两个气态巨行星开始将彼此向远离太阳的方向吸引，直至停留在它们今天的运转轨道上为止。这种彼此吸引为水星、金星、地球和火星创造了生存空间。土星和木星的后撤并没有造成这些较小的行星奔向太阳"送死"，而是让它们都稳定在了今天的轨道上。

———————————

① 由于现有资料和数据不全，译者无法对该数据进行核实。本节中，作者也多次使用这些数据，但未标明数据来源。因此，除了出现明显事实错误的情况外，本书均以原文内容为准，后文不再一一标出。——译者注

我们也可以这么解读这段"仅仅"持续了 200 万年的传奇故事——是的,在太阳系 45 亿年的历史长河中,这真的只是 200 万年而已——牧羊犬木星正赶着羊群朝太阳的方向行进,羊群里都是地球一样的较小的行星,在羊群被赶到太阳身边"送死"之前,牧羊人土星出现了,土星牵住了牧羊犬身上的绳子,将它拽了回来。四个地球一样的行星得以安全地成长。因为地球最终恰好拥有了合适的体积,而且与太阳的距离恰好合适,所以它得以拥有生命的基础——水资源和大气层。

然而生命体借助地球上的有利条件得以形成,甚至进化成高级生命体的概率,至少会和地球幸存的概率一样低。

26

适宜居住的外系行星

——为什么我们要找到它们？

目前我们已经发现了大约 100 个与地球相近的系外行星，但却没有一个适合人类居住。为什么了解这类行星的数量和位置对我们而言如此重要呢？

陨石大撞击每隔5000万年便会发生一次。假如公元2518年，一颗直径为10千米的陨石即将撞向地球，那我们该怎么办？

6500万年前那次K‐T陨星冲击①令地球从白垩纪进入了第三纪，此次陨石撞击同样会令地球上的高等生物全都消失，没有人能在撞击中幸存。可能活下来的，只有老鼠之类的小型哺乳动物。这些幸存者也许会在5000万年之后进化成地球的下一代文明。

对于未来的"人类2.0"来说，这样的毁灭性撞击当然是件好事，但对于我们而言却绝非如此。

幸好"人类1.0"已经在那时发明了太空方舟②。这条方

---

① K是德文的白垩纪（Kreidezeit）缩写，T则是第三纪（Tertiary）的缩写。——译者注

② 详见作者另一本书《黑洞历险记》中的章节：《外星人的侵略真的会这样到来》。

舟能将我们载到方圆 100 光年之内的所有星体，让我们能在那里安一个新家。每一艘太空方舟都能装载 1000 万人，并确保让船上的乘客享受到无异于地球生活的生活品质。因为生活品质没打折扣，所以即便前往临近星系"南门二"的旅途要持续几千年，即便很多代人都要在船上度过一生，船上的乘客对此也不会很在乎。

适宜居住的星球有哪些特点？

然而我们已经知道，南门二星系中并没有适宜人类居住的星球。那么话说回来，适宜居住的星球究竟有哪些特点呢？"适宜居住"意味着行星必须要位于恒星的"宜居带"中，并且体积要和地球差不多。因为一旦星球体积过大，那它的引力也会过大，这意味着我们只能手脚并用，使出吃奶的力气爬行前进；如果星球体积过小，比如和火星差不多大，那么维持人类呼吸的大气层便无法在星球表面聚集。此外，该行星上还必须有简单的生命结构，从而为我们这些迁徙者提供氧气和食物。

个数和位置

距离地球 100 光年的范围内大约有 10 万颗恒星，行星的数量也差不多是 10 万颗。我们不可能先风风火火地赶往某一颗行星，到了之后才发现它并不适合安家。

从这一大群星体中找出那些适合居住的理想行星，这项工作人类务必要在地球上完成。对于我们这些迁徙者来说，行星宜居与否才是最最重要的问题，因为我们踏上的注定是一段有去无回的旅程。

今天的人类有一个巨大的优势：我们正处在人类历史的第 20 万年左右，所以我们不仅能离开地球，而且有能力收集其他星球的信息。

我们已经知道，太阳系之外有很多外系星球。虽然我们已经知道与地球相似的星球数量其实很少，但我们还是在 10 万个外系星球中找出了 100 个与地球相似的星球——拥有固态表面，且体积与地球差不多的星球。然而我们还完全不清楚究竟哪些行星位于恒星的宜居带中，并且拥有初级生命体。

最神圣庄严的问题

太阳系之外究竟有多少适合居住的星球，这个问题不仅对未来需要迁徙的人类十分重要，而且在地球村的当代居民眼中同样重要。人类文明是不是宇宙中唯一的文明，宇宙中是否还存在其他文明，这是人类提出的最经典的问题之一，而宜居的星球则是出现高级生命乃至外星文明的必要前提。

只有知道了银河系中存在多少宜居的星球，这些星球上存在高等生命体的概率有多高，我们才能回答那个烦琐哲学代表者阿尔伯特·马格努斯（Albertus Magnus，1200—1280）早在中世纪便提出的"最神圣庄严的问题"，即便只能从统计学的层面来回答。

要想确定宜居星球的数量，我们今天在地球上使用的望远镜，以及发射到太空中的望远镜（比如著名的开普勒太空望远镜）全都派不上用场，因为它们只能观测到遥远的恒星光。

如果恒星光在几小时甚至几天中出现了微小的减弱，那我们便可以推测恒星可能被行星遮挡，也就是所谓的"凌星"现象。借助有规律的凌星现象，我们可以推算出行星的公转周期，并借助开普勒第三定律来继续推算行星与恒星之间的距离。

另一方面，借助恒星的光谱，我们可以推算行星的类型；两组数据综合运用，我们便可以知道该行星是不是位于恒星的宜居带内。但这些数据当然无法告诉我们一个位于宜居带内的、与地球相似的行星上有没有生命存在。

今天的天文望远镜只能间接观测到系外行星，而且只能从我们的角度观测到那些可能会在偶然间"凌星"的行星。也就是说，只有我们的视线方向和行星以及恒星的运行平面恰好吻合，我们才能观测到这些行星，因为只有这样，望远镜、行星和恒星才能在某个时刻同时位于行星覆盖线上。由于这种巧合在绝大多数星系中都难以实现，所以我们无法借助"凌星"现象观察到绝大多数行星。如果我们想发现所有行星，甚至获取这些行星的属性，那我们必须能够直接接收到来自行星的光线。但这件事，人类办得到吗？

我们其实具备这种直接发现宜居行星的技术，虽然建造这样的天文望远镜绝非易事，但我们是有可能做到的。

究竟该怎么做？且听下回分解。

我们这样才能发现第二个地球

适宜居住的星球可能承载着外星文明，要想发现这些星球，我们必须这么做。

我们如何才能在太阳系数千万个距我们较近的行星和恒星之中发现那些不仅形态和气候与地球相似，而且承载者简单生命体，并适宜人类或外星文明居住的星球呢？

　　我们需要一台能直接观测到此类星球的望远镜，它不能像我们目前拥有的望远镜一样，只能通过间接的方式来确定星体的存在。

只有这样，我们才能搭建出这台望远镜

　　借助现有的技术，搭建这样的超级望远镜其实是可以实现的，但其中两个要素却注定会让这个项目花销巨大。首先，望远镜需要有数百千米的直径，但同时却必须拥有

高偏差在 1 微米之内的理想抛物线形状。这在地球上是做不到的。地球上每一次微小的震颤（地震）或偏移（引潮力可以使得地表海水上升约 0.25 米）都会让我们前功尽弃。

太空中不存在这些问题。然而我们该如何将一个直径达 300 千米的反射式望远镜（结构最简单的望远镜类型）送到太空中呢？我们必须要用些手段。

望远镜的直径决定了它的最高分辨率。要想让行星清晰地出现在恒星的旁边，并呈现出圆盘形，而不是仅仅是一个亮点儿而已，那么望远镜的尺寸必须要这么大。望远镜的反射镜表面决定了其收集的行星光线的强度。

今天的光线传感器已经极为敏感，所以光线强度已经不再是问题，所以我们有理由相信，我们不需要将整个望远镜送进太空，而是只需要发射几个镜面区域即可，比如中间区域和几个边缘区域。每一个子镜面都是一个直径为 10 至 20 米的独立的望远镜。这些望远镜构成了一个巨大的虚拟望远镜，这个虚拟望远镜的光线强度并不高，然而由于子望远镜之间有几百千米的距离，所以虚拟望远镜能提供的分辨率会非常高。

只有这样，适合居住的星球才会出现在我们的视野中

但这里还有一个大问题。太空中行星微弱的光线会被恒星那强上千百亿倍的光线无情地掩盖，因此我们只能看到来自恒星的明亮的光线，除此之外便什么也没有了。

然而这里也有个诀窍。我们选出两个子望远镜，并让二者彼此间的距离长时间保持在一个精确的数值上，以便二者对于恒星的距离差恰好是光波长度的一半——在几百千米的距离基础上将误差控制在 1 微米以内，但这真的可以做到——这样我们便可以借助相位精确的光干涉（将两个子望远镜收集的光线在相位精确的条件下进行叠加）令恒星光相互抵消。

从理论上来说，恒星光线甚至可以被完全抵消。而行星由于在恒星一侧，所以其距离子望远镜的距离也有一定差别，所以行星的光线将不会因为叠加而抵消，因此人们便可以清晰地看到行星了。

20 世纪 90 年代欧洲航天局的"达尔文计划"认为，利用几台子望远镜实现这样的设想是完全有可能的。

欧洲航天局甚至已经开始打算建造"达尔文计划"所需要的望远镜，然而巨大的花销却将这台幻想中的超级望远镜扼杀在了摇篮里。

人类会将太空行星微弱的光线分解成宽度为 10 微米的光谱，而臭氧则会吸收光谱 9.5 微米处红外辐射的能量。因此，无论何时，只要我们能在太空行星的光谱中看到臭氧特有的吸收带，那么我们就可以推断这个星球上一定存在含氧大气层，因为在含氧大气层中，恒星放射的紫外线会将一部分氧气转化为臭氧。而只有该星球上能发生光合作用时，即存在能够持续产生氧气的初级生物时，大气层中才会大量存在游离的氧气。因此，臭氧信号是外系行星宜居的重要信号。

如果到了 2518 年，陨石撞击真的会迫使人类移居到其他星球，那么未来的人类很可能已经借助太空望远镜探测到了地球附近所有包含臭氧的星球，然后再挑选一颗距离地球最近的宜居星球，作为此次旅行的目的地。除了臭氧以外，这颗星球还必须拥有一颗如太阳一般的恒星才行。果真如此的话，那就在陨石到来之前出发吧！

28

肉类会致癌

—— 这句话背后有哪些故事？

香肠和红肉是致癌元凶？世界卫生组织的警示背后又有哪些故事？请跟上我的步伐，一起来剖析消息背后的事实论据吧。

我不知道你是如何看待 2015 年 10 月那条"红肉会致癌"的大新闻的。这条新闻至今还没撤稿。

　　一般而言，媒体制造的这类"大新闻"都会收获无数支持者的声音。支持者到底是谁，取决于新闻究竟迎合了哪类人的胃口，比如红肉致癌论的拥趸肯定是那些素食主义者和环保主义者。

　　但与此同时，那些害怕丢了生意的人也肯定发表长篇大论来驳斥这种论调，比如黑森林火腿商权益保障联合会。

　　面对这种交锋，我只能默默摇头。为什么要给这两派发言的机会呢？问他们的看法，就好比在问魔鬼是怎么看待造物主的，或者造物主是如何看待魔鬼的。

　　比起敌对阵营之间那些毫无用处的交锋，更值得关注的其实是下面这些事：究竟是谁放出的新闻？新闻具体传播了哪些内容？新闻中那些警示的可信度究竟有多高？至于如何面对这些内容，则完全是我个人的问题，对此我不需要别人的评价。

令我感兴趣的，唯有客观事实。

谁制造了这条大新闻？

"红肉新闻"想说的究竟是什么？制造这条新闻的机构是世界卫生组织的下属机构——位于法国里昂的国际癌症研究中心。

这是一个严肃的科研组织。在阅读时，一旦看到类似"德国经济专家委员会对未来经济的预测"之类的话，我都会从容地翻篇跳过。但国际癌症研究中心的文章却并非这种风格。仔细读一下他们的文章，你很快便会发现，一个负责任的研究会正在尝试借助慎重的词语和严谨的叙述方式，带领我们不断接近癌症背后的真相。

如果要给文章的可信度打分的话，我会打出满分——10分。

带着"他们说的话定会有理有据"的猜测，我开始对那篇据说是他们发表的文章《食用肉类会致癌》感到好奇。实际上，这篇文章并非2015年发表的，而是刊登在了国际癌症研究中心2018年出版的第114卷专刊《红肉与加工肉》中。

2015 年 10 月 26 日，学术期刊《柳叶刀（肿瘤学）》刊登了一篇国际癌症研究中心以新闻名义授权发表的评估报告——《红肉与加工肉的致癌性》①。这篇报告老百姓其实是读不到的，但仅仅因为报告的刊登以及媒体对此的若干评论，之前提到的那条关于红肉和加工肉的大新闻便诞生了。

尊重，尊重

专刊和评估报告里都写了些什么呢？先说句题外话：《柳叶刀》是同行评审期刊，这意味着不是每一篇送上来的文章都能发表，只有经过相关领域的权威专家评审并认可的文章才可能见刊。

虽然这无法绝对确保内容的正确性，但我们至少可以相信，这类期刊中不可能出现胡言乱语。"同行评审"是业界公认的质量标签。

依照科学研究的一贯标准，文章首先解释了"红肉"和"加工肉"的概念：红肉是哺乳动物煮熟后的肌肉，即牛肉、猪肉、羔羊肉、绵羊肉、山羊肉、马肉等；加工肉则是经过各种工艺提升了口味或保质期的肉类，包括盐浸、腌制、发

---

① The Lancet Concology 16, S. 1599 – 1600, 2015.

酵、熏制以及其他工艺。注意，加工肉的来源不限于红肉。

文章首先说明，"红肉包含高端蛋白质以及重要的微量元素，包括维生素 B，以及铁、锌等元素"。通过这些细节，我们足以感受到国际癌症研究中心的文章是多么客观。

我们暂且抛开这些肉类加工工艺的优点（例如延长了保质期，让消化变得更容易等）。实话实说，加工的过程的确会产生致癌物质多环芳烃（PAH）和亚硝胺（NOC）。然而即便是简单的烹饪也会生成多环芳烃，以及同样疑似致癌的杂环胺（HAA），这类致癌物质中的绝大多数都是在煎炸和烧烤的过程中产生的。

准确的结果

针对红肉和加工肉的致癌作用，国际癌症研究中心的一个工作小组权衡了大约 800 个元研究①，发现上述两种肉类与结肠癌的关联最为明显。依照研究结果，如果置信区间为95%，那么以下两条结论便会成立：以每天食用量 140 克计，每增加食用 100 克红肉，患结肠癌的风险会增加 17%；每天食用 50 克加工肉，患结肠癌的风险则会增加 18%。

----

① 即以实证研究为基础的研究。——译者注

199

终于有了一个具体可信的数据了。95%的置信度意味着研究结果成立的可能性非常高。这对于德国居民而言意味着什么呢？德国人平均每天吃掉130克肉类，其中男性平均食用170克，女性平均食用90克。这个量差也很好地解释了为什么在体检的时候，男性被查出肠息肉的比例会比女性高出近1倍（肠息肉是指肠黏膜表面突出的异常生长的组织，往往会成为结肠癌的前兆）。

当心错误的结论

"很少吃红肉或加工肉的人，患肠腺瘤的概率会更低，（在肠腺瘤没被检查出的前提下）患结肠癌的概率也会更低。"

这个结论完全正确。然而"少吃这类肉，你就能更健康"的说法却未必正确。之所以这么说，是因为科研期刊 *PloS One* 曾在2014年发表过一篇研究文章，结果显示："在健康状态不良的情况下（例如患有较为严重的癌症、过敏症状以及心理疾病时），素食会让病人需要更多的健康看护，并会导致病人生活质量恶化。"

PloS One 同样是同行评审期刊。虽然这项研究并非实证研究，所以也可能没有95%的置信度，但它也有力地证实了一个观点：从整体健康的角度来看，完全放弃肉类并不一定能

让我们更健康，甚至根本不会让我们更健康。

尽管如此，红肉和加工肉会加剧患肠息肉的风险，进而增加患结肠癌的风险，却依旧是一个残酷的事实，这一点不容争辩。

上文提到的两条结论之间是否存在理想的解决方案呢？例如控制每周的肉食量，比如偶尔可以多吃一点儿，甚至彻底放纵一下，但第二天就一点儿肉也不吃了，并且从 50 岁开始定期进行肠道检查，从 55 岁开始定期做肠镜，以便及时查出可能的肠息肉。

如果上文中的数据都是正确的，那么只要依照上一段中的法则来生活，你就能比所有普通的素食者过得更健康；和严格的素食者相比，你的健康指数甚至会领先更多。过着更加健康的生活，同时还能享受肉类带来的生活乐趣，这是多么美好的事情啊。

29

我可不傻

——语言的交际作用

"你不傻，不是吗？"

从现在起，听到这个问题，别再急着说"不"了！

假如你不觉得自己是个愚蠢的人——这很正常，那么听到"你不傻，不是吗?"之类的问题时，请千万不要怒不可遏地回一句："不!"因为从逻辑学角度来说，这个答案是不对的。

虽然听起来有点儿荒唐，但在逻辑学中，双重否定的说法等同于原本的说法。如果你说了"不"，那么你就相当于承认了自己是个蠢人。

针对这个问题，正确的回答应该是："对，我不傻。"

你可能会觉得逻辑学是在吹毛求疵，因为每个人都知道，在口语交际中，面对否定句时如果回答"不"，那么这种双重否定的效果等同于"对"。

当然，这么想没错，重要的是你必须明白，语言虽然经常不符合逻辑，但只要明白对方的真实意思，那么语言依旧是一件非常好用的交际工具。

当然，男人和女人之间的交流会经常出现误解。如果女人说了"不"，那她到底是真的想说"不"，还是你应当把她的这个"不"字理解成"是"？

此外我们还应知道，很多时候，"是"或"不是"都并非合适的答案。如果女人问了"亲爱的，你还爱我吗?"，可能很多紧张兮兮的男人都会回答："我已经跟你说过了，我爱你，如果情况有变，我会通知你的。"

然而单纯回答一句"是的"也并非理想的答案，因为这就好比女人问男人"你觉得我的新裙子如何?"，然后听到了一句"不错"。男人口中的"不错"等同于"漂亮"，但在女人耳朵里，这句"不错"等同于尖锐的批评。

从心理学角度来看，面对之前那个令人紧张的问题，正确的回答应当是："当然啦，你知道的。"

语言会暗示一些错误的想法

高深莫测的语言逻辑，背后究竟隐藏着哪些问题？答案是：不具体的语言有暗示功能，反过来，真实的想法也可以呈现在我们的语言之中。

我们不仅会说出"目光落在了美丽的花瓶上"这种话，而且很多人真的相信，人的目光就像汽车的远光灯一样有投射功能。早在 1929 年，发展心理学家让·皮亚杰（Jean Piaget，1896—1980）就曾在针对儿童的科研项目中提出，在孩子的脑海里，人的目光真的会如同光线一样从眼睛中发射出来，这束光最终会被观察目标挡住。

俄亥俄州立大学的杰拉德·怀纳（Gerald A. Winer）也曾研究过这个现象。他发现，不光是儿童，甚至有67%的成年人都深信，人在观看的过程中眼睛会发射光线。这个幼稚的、主观的感受甚至成了柏拉图构建"观看理论"的基石：人眼会发射出类似火焰的物质，这种物质会照射到物体上，并和太阳光融合，从而让物体被肉眼看到。

我们往往会对自己那些幼稚的看法坚信不疑，并觉得人类就应当相信自己健全的理智。当然了，理智经常能帮到我们，不过遗憾的是，理智的出错率也很高。

举个例子吧，假如你在和自己的邻居舒尔特太太聊天。她告诉你，自己有两个孩子，其中一个女儿正在沙坑里玩。那么，她另一个孩子也是女孩的概率有多高？也许你会说50%——要么是女孩，要么是男孩。但这个答案是错的！因为针对两个孩子存在四种概率相同的可能性，即"女女""女男""男女""男男"，那么在排除了"男男"组合之后，"女女"组合的可能性是 1/3。换句话说，另一个孩子也是女孩的可能性就只有 1/3（33%）。

条件概率

也许你现在会反驳，觉得这种计算方法不对。因为对于每个单个的孩子而言，其是男是女的概率都是50%。

乍一听的确如此，但如果一个孩子已经确定是女孩了，那么另一个孩子是女孩的概率是多高呢？这个现象被称作"条件概率"，而计算方法正如我上文所说。

人的逻辑性思维为什么在这么简单的问题上都靠不住呢？因为我们只会以"绝对概率"为出发点来思考问题，对于人脑而言，"条件概率"是一个陌生的概念。

关于"条件概率"，我们再看一个简单点儿的例子吧。

你肯定见过如下场景：踏上电动扶梯，扶梯上除了你之外只有两个人，那么这两个人并排站着把扶梯堵死的概率有多高呢？

假设扶梯有40级台阶，其中一个人站在某一级台阶上，那么另一个人也站在这个台阶上的概率则是 $1/40 = 2.5\%$，也就是说概率非常低。但实际上，这种概率极有可能是100%，因为两个人很可能认识，站在一起是为了聊天，这便是"条件概率"在日常生活中的应用。

直觉会将逻辑击倒

此时，你可能会恍然大悟，觉得自己明白了。虽然逻辑上明白了，但"条件概率"并没有走进你的内心。

再举个例子吧。即便你已经弄懂了"条件概率"，但还是可能会对下面的例子提出质疑。当然，这个例子也帮不了你，因为我们人类的大脑已经固化了。

想象一下，假如你作为嘉宾参加了一期智力问答节目，并有机会在最终轮获得一辆价值 10 万欧元的跑车。你的面前有三条幕布，其中一条后面是跑车，另外两条后面则什么也没有。如果现在你有选择的机会，你会选择哪条？左边、中间，还是右边？气氛愈发紧张，主持人开始催促你做决定。也许你更想选中间那条，因为这个位置比较中庸，所以选这条肯定不会错，但你个人觉得左侧更能给你带来幸运，所以你最终选择了左边那条，并在嘴里嘟囔了一句"选哪条其实都一样"。这句话没毛病，然而此时主持人并没有马上揭晓答案，而是拉下了中间的那条幕布，结果后面什么也没有。①

此时主持人给了你一次改答案的机会，你是坚持选左边

①　假如跑车在中间的幕布后面，主持人则会拉下右边的幕布。——译者注

那条，还是换到右边那条？我打赌你一定会坚持左边那条。因为你觉得左边那条中奖的机会和右边那条一样，所以宁可坚持自己最初的选择。

以往的经验表明，决策者会不出意外地坚持自己最初的选择。但这却是个错误的决策。如果你换到了右边那条幕布，中奖的概率会翻一番。这听起来不符合逻辑，但却是事实，原因正是"条件概率"。如果以"条件概率"为出发点思考，那你会这么想："最初左边中奖的概率是33%，而右边两条的中奖概率总共为66%，现在主持人已经告诉我中间那条是错的（当然他不会说哪条是对的），所以右边那条幕布已经有了66%的正确率，其正确率已经是左边那条的2倍，所以我务必要选择右边那条。"

也许这种逻辑对你而言依旧很烧脑，因为你还深陷在日常逻辑之中："如果我知道中间那条幕布后面没有奖品，那跑车肯定在另外两条的后面，那么不管是哪一条，我中奖的概率都是50%，所以我还是坚持自己选择的左边。"

我知道，想要摆脱这种看似很有道理的逻辑绝非易事。逻辑的错误在于你忽略了一个事实：最初中奖的概率是33%，而随着中间那条幕布的落下，情况已经发生了改变。

相信我吧，上一段介绍的逻辑是正确的，你可以再细细品读一下这几段话，并静下心来思考一下。如果你还是想不通，那就将全部三种情况画在纸上，然后将自己的选择（左侧幕布）放在每一种情况下推演一番。或者你可以和自己的爱人实践一下这个游戏，结果定会令你大跌眼镜。

对后悔的恐惧

从心理学角度来看，坚持最初决定的倾向是很容易理解的。用心理学家的话来说，这种倾向的背后隐藏着"对后悔的恐惧"。

马克斯普朗克研究所的心理学家丽迪雅·兰格（Lydia Lange）在从事教育研究工作时发现，这种"对后悔的恐惧"会引发某些缺乏理智的行为，例如由于担心事后会骂自己，学生在考试时往往不敢修改选择题的答案。而在买彩票的时候，我们往往也不敢用其他彩票券来更换自己已经填好的那张，尽管从统计学角度来看，两张彩票券中奖的概率完全相同。事后回想时，没有亲手做完一件事会比无脑地做完一件事更令我们后悔，这同样是一个颇为有趣的现象。

时间是何物？I

什么是时间？人类可以穿越时间吗？相信我们每个人都思考过这个古老的问题吧。借助科学的力量，我们其实已经十分接近问题的答案了。

"时间就是烦心事一件接着一件。"

这句至理名言的来源已经无从考证。然而这句听起来有些无助，但又颇为现实的叹息，却十分接近时间的真相，因为这句话暗示了一点：时间是人间若干事件的排列。

假如宇宙不复存在，是不是意味着时间也就不存在了？事实就是如此。在 138 亿年之前，即宇宙大爆炸之前，时间的确是不存在的。

时间的前提是"存在"

需要小心的是，脱口而出的话语往往会包含人类的某些思维盲区。

212

"宇宙存在之前的时间"其实是不存在的，因为宇宙形成之前什么也没有，所以时间同样不会存在。也许很多人并不信服这个逻辑，因为对于我们而言，时间和空间是可以脱离事物而存在的。就好比一个舞台，舞台上可能会发生一些故事，但舞台本身却不是情节的一部分，而只是一个永远存在的载体而已。

　　这个逻辑的背后是牛顿的经典力学理论。借助爱因斯坦的广义相对论——更确切地说是爱因斯坦方程，我们知道，空间和时间与宇宙的质量相关。质量决定空间的形态（即空间的弯曲程度）和时间的形态（即时间尺度）；反过来，时间和空间也会决定每个物体在空间和时间中的运动，这两种关系会相互交织，彼此牵制。

　　太阳的质量令其附近的空间弯曲。依照爱因斯坦方程，这个空间弯曲无异于太阳的重力效应，即决定了太阳周围行星运行轨迹的引力。决定时间流逝速度的，除了太阳的质量之外，还有行星的运动速度。

　　"时间随宇宙的诞生而诞生"——令人感动的是，这种反常识的思维居然可以追溯到古代。柏拉图在他的著作《蒂迈欧篇》（Timaios）中就曾提到过："时间是和世间万物一起诞生的，如果其中一个注定要消逝，那么另一个也定会随之消逝。"

　　800年之后，思维敏锐的圣奥斯定（Augustine of Hippo，354—430）曾在其著作《忏悔录》中写道："造物主啊，您既

213

然是时间的创造者，那么在您创造时间之前，时间本是不存在的。但如果在天堂和人间产生之前没有时间的话，为什么人们还要问你在那时做了些什么呢？如果时间都不存在，那又怎么会存在'那时'呢？"

古罗马时期以及中世纪时期的哲学家一致认为，时间有两种形态："世俗时间"和"神圣时间"。"世俗时间"是我们生活中的时间，它随着造物主创造地球而产生，同时也会随着地球一起消亡，而"神圣时间"才是造物主所拥有的永恒。"世俗时间"只是"神圣时间"的一个粗俗的显像罢了。

万物都有属于自己的时间

暂且先不谈那个与我们无关的"神圣时间"，关于"世俗时间"，我们已经了解了很多。首先，时间尺度是由周围物体的引力以及自身运动的速度决定的。

是的，你没看错，宇宙中的每一个物体都有属于自己的时间尺度，即属于它的时间的快慢，并会受到引力及运动速度的影响。我们每个人都有属于自己的时间。由于我们同在一个地表之上，受到的地球引力相同，运动速度也可以忽略不计，所以我们彼此间的时间差是无法测量的。只有在极端情况下，我们才能发现这个时间差。

举个例子，我本人就比与我同时出生的人年轻了 254 微秒（这是原子钟测量的结果），因为我所乘坐的航天器曾以 28000 千米每小时的速度飞行，这算得上一个相当快的速度了。由此得出的结论是：我飞行得越快，我的时间在外部观察者的眼中就会越慢，所以在我回到地球的时候，我就已经进入地球上的未来。我飞行得越快，回来时就能进入更遥远的未来。

物理学是允许"时间之行"的，但只能进入未来，不能回到过去。我们所依托的是霍金的"时序保护猜想"理论。广义相对论认为，"回到过去"是可能的，例如在哥德尔旋转宇宙模型中。但在量子力学理论中，"回到过去"是绝无可能的，如果不是这样，那么宇宙中最根本的定律——因果定律，就被打破了。

时间没有方向

此外我想再谈一点：时间本身是没有方向的，时间轴本身并不存在。当然，过去和未来也是不存在的！存在的只有世界以及世间万物（确切地说是原子）的排列情况。只有万物在时间框架内的运动（即排列情况的改变）才有方向而言。

这种文字游戏一般的说法其实具有本质的意义。衰老（体内原子序列走向无序的过程）并非时间的问题，而是物理层面必须发生的排列改变。

在热动力学中，这个必然的物理现象就是熵的不断上升。如果咖啡杯从桌子上掉落，那么熵的上升会令咖啡杯中的咖啡不可避免地洒在漂亮的地毯上。反过来，地毯上的咖啡永远也不可能再凝聚起来，流回一个正在飞往桌面的咖啡杯里。

然而在认为时间没有方向的经典物理学框架中，这种反向运动是可能的，是热动力物理学借助熵的上升，让自然界拥有了原子排序变化的方向，也就是所谓的"时间方向"。原子排序随着时间点变化的世界是唯一的，所以也就不存在我们能够前往的过去和未来了。

如果我们要飞回过去，那我们应当飞到哪里呢？过去仅仅是原子在我们唯一的世界中的另一个排序罢了，这个排序再也不会在任何时间、任何地点出现。

所以从这个角度来看，穿越时空也是不可能的。我只能在这个唯一的世界中航行，但却可以让自己的时间过得较慢，那我便可以在回来的时候出现在一个由原子排序导致的更高熵值的地球上，这便是"进入未来"。

31

时间是何物？Ⅱ

上一章我可能写得太荒唐了，那就让我再尝试一
次吧。

这里会提到两个概念：时间作为媒介（一个运动发
生的媒介），以及时间的方向（即时间轴）。

长话短说。时间是没有方向的，所以时间之行也不可能存在，事实就是如此！也许你只能先硬生生地将这句话吞下去。

但请注意，针对世上某一个物体，我并不是说它的"之前"和"之后"也不存在，我只是想说时间本身并没有内在的方向。下文我将详细讲述二者之间的差别。

时间本身存在方向，这仿佛是一个再自然不过的道理。《回到未来》之类的经典电影最大限度地利用了我们的直觉。但时间的方向仅仅是一个幻想罢了。

这里先引用爱因斯坦的一句话："我们这些相信物理学的人都知道，过去、现在和未来之间的区别只是一种固执的假象。"

如果说谁曾经花了很大心血来研究时间的方向性，并且取得了相当的建树，那这个人一定是朱利安·巴伯（Julian Barbour）。（详见本章末尾的推荐文献）

世界的轮廓

为什么不存在以"过去""现在"和"将来"为特征的时间方向呢？我们的世界是客观存在的，世间万物的位置关系正在不断改变，这是毫无争议的事实。我们将这个位置关系暂且称作"组态"（德：Konfiguration）。你的身体现在正拥有一个由原子构成的组态，由于你会呼吸、吃饭、喝水，所以你体内的细胞会因为物质代谢而在数量、形状、互动三个方面发生改变，而你的组态也在不断发生改变。别人可能会说你变老了。假如你现在买了一台机械钟，随着日复一日的使用，机械钟的组态也会发生改变。20年后，这台机械钟已经无法运转。你把钟送到了修表师傅那里，假设修表师傅能将这台钟恢复到20年前新买时的组态，那我们能说这台钟回到了过去吗？你也许会说："不能，因为这台钟此时此刻依旧在我们的世界中。"

没错。但是，假如有人可以将你的身体修复到20年前的状态呢？这在未来是绝对有可能做到的。一个和20年前一模一样的你出现了，但你回到了过去吗？并没有，这和机械钟的例子是一个道理。

也可能你并不这么看，你会觉得拥有一个与20年前一模一样的自己就是回到了过去。不，这是碳沙文主义的思想。

尽管我们都是有血有肉的人，但从组态逻辑的角度来看，我们和机械钟没有任何差别。

我们沿着这个思路再往下想一步。假如世界上有一个人能重现你20年前生活场景，包括你的家庭，你20年前住的房子，以及当时世间的一切——从原则上来说，这也是可能实现的。那你就真的回到了过去吗？

当然没有！

衰老只是无序度的增加

总结一下吧：我们的世界只有一个，在这个世界中，万物的组态是随机变化的。但热动力学理论却认为，世界的总组态却不是随机变化的，而是会变得越来越无序，换句话说就是"注定会变得越来越旧"。世间万物最终都会朝着熵值增加的方向变化①。

事实上，无序度增加的现象在世间的每个角落都在发生。我们会说，一切都会变老或变旧，比如之前那块表，还有你

---

① 根据熵定律，如果没有外来力量，世界万物最终都会朝熵值增加的方向发展，所以世界最终会变成一锅均匀且完全无序的稀粥，一个死寂的、没有能量转换、没有运动的绝对冰冷的世界。——译者注

的身体……但我们却有机会让个别物体反方向发展，变得更有序，例如去修理一块表，甚至让一个人返老还童，但这种行为却是以增加了世间的总无序度为代价的（修表匠的工具会因为修表而变得更旧）。所以说，尽管我们可以降低个别客体的无序度，但世间的总无序度却依然在增加。

那么在这个过程中，时间又是什么呢？时间是衡量组态改变的尺度。

亚里士多德说过："即便没有自身运动，万物也依旧存在，我们应当将这种存在称为时间的绝对存在，然而时间却并非激发运动的动力，而是衡量一切运动的尺度。"

这么说来，"过去"和"未来"的概念也就自然瓦解了。

时间之旅是不可能的

如果不存在"过去"和"未来"，那么我们当然也无法回到过去，或前往未来。那我们如何才能完成一场时光之旅呢？我们只能花上无数的力气，打造出另一个适合人类居住的星球，并将这个星球设计成与 20 年前的地球完全相同的样子，让这个星球上有同样的大陆、城市和居民。如果我们此时飞往这个星球，难道我们就回到了过去吗？

当然不是，因为此时此刻，这个地球的复制品已经存在。

时间究竟是什么？答案是：时间仅仅是一个媒介。这个媒介令世界的组态得以通过运动的方式而变化。亚里士多德将时间称作运动的量度。一块表可以计算时间，但却无法展示出时间的方向，因为表针也可以朝着相反的方向旋转。换句话说，时间只是为运动提供了一个舞台，仅此而已。有趣的是，这个舞台可以膨胀和延伸，因为时间的尺度是会改变的。

依照爱因斯坦的说法，时间流与重力和物体的运动速度相关。由于我们在时间的舞台上与时间一起延伸，所以我们无法感知到这种延伸。对我们而言，时间流的速度是恒定的。然而观察我们的"局外人"会对我们的时间尺度有不一样的感知，在他们的眼中，我们的运动就好比"慢动作"。

如果我们乘着宇宙飞船，以接近光速的速度朝另一个星球飞行，而地球村的居民通过天文望远镜观察我们在太空舱里的生活，那么他们会觉得我们正在缓慢地运动（我们的时间比地球上的时间要慢，虽然在我们自己看来，我们在舱里的运动速度并不慢）。回到地球之后，我们身体组态的变化速度会比停留在地球上生活要慢。反过来观察，我们在舱中的时间是稳定的，但地球上的时间却走得更快，回到地球上的时候，我们会发现自己来到了地球的未来，而地球上的人则会说我们还停留在过去。宇宙飞船中的时间较地球而言会更慢，其实与宇宙飞船"世界线"的弯曲程度相关①，同宇宙飞船相比，地球的世界线的弯曲程度可以忽略不计。

但两种说法都是不对的。过去和未来并不存在，存在的只有一个地球之外的时间，在这个时间中，地球无序度上升的速度比我们身体无序度上升的速度更快。这便是人们在读爱因斯坦相对论时所理解的"未来之旅"。

推荐文献

克雷格·卡伦德《时间是幻象吗?》，2010 年 10 月出版，32～39页

朱利安·巴伯《时间的终结——物理学的下一次革命》，牛津大学出版社，1999 年出版，ISBN：0753810204（电子版详见 http：//platonia. com/nature_ of_ time_ essay. pdf）

---

① 详见 http：//en. wikipedia. org/wiki/World_ line

涌 现

——更多的不同

爱情、恐惧、好奇、色觉……如果这些属于神经元基质，那我们该如何从科学的层面上来理解呢？答案是：这些都是涌现产生的特性，都是无法进一步分解的现象。

绝大多数时候，我的文章都是偶然间创作出来的：针对某个话题，只要有人提出一个有趣的，并且我还没有思考过的问题，我便会兴致勃勃地探究一下问题背后隐藏的玄机。

　　但这次情况有些不同。之所以会写这篇文章，是因为我读到了德谟克利特（Demokritos，公元前460/459年—公元前371年）的一句话："颜色是约定俗成的，甜味是约定俗成的，苦味也是约定俗成的，实际存在的只有原子和虚空。"

原子论者同亚里士多德学派的论战

　　这句话是怎么来的？

　　古时的学者经常会争论一个问题——世界的本源是什么？

其中一派是以德谟克利特为代表的原子论者，他们认为世界是由原子（最小微粒、无法再分割）以及虚空（即能够让原子运动的空间）构成的。

而站在了原子论对立面的，则是以柏拉图及其学生亚里士多德为代表的学派。他们认为世界上不存在"虚空"，世间的一切都是被某种物质填充起来的。他们引入了"质料"的概念，即构成所有物质的原始材料，一种有形的流体。

到了中世纪及近代早起，亚里士多德学派的世界论开始占据上风，但这并不是因为其正确性。恰恰相反，这种理论有很大的缺陷。该理论之所以会盛行，主要是因为它可以在一定程度上合理解释世间的一切。

到了中世纪盛期，教会甚至将亚里士多德学派的代表人物托马斯·冯·阿奎那（Thomas von Aquin）封为骑士，打那时起，亚里士多德学派的地位便坚不可摧了。

原子论者的解释问题

相反，只有自然科学界才对德谟克利特的理论感兴趣。在我看来，德谟克利特是一位非凡的思想者。他的行为会为自己树敌，因为他得出的结论并非众人喜欢的结论。在当时，德谟克利特面对的是以柏拉图为首的一大批拥有强大话语权的哲学家。

德谟克利特只能较好地解释部分现象，但却无法以令人信服的方法展示出世界的构成，例如他无法说清世间的颜色、甜味和苦味是如何形成的。他只有一个空洞的构想，即原子具有无穷多种形状："原子有粗糙的，有光滑的，有凹形的，有凸形的，有的甚至是带钩的，总之，原子拥有无数种不同的形状。"

在他看来，正是这些不同的形状令我们的感官产生了各种不同的感觉。这个说法在味觉方面还有几分道理，但在颜色识别方面却是个彻头彻尾的错误。因此，德谟克利特的说法纯属猜测。

时至今日

今天的我们已经明白，世界的确是由原子和空间组成的，但我们的色觉、爱情、自信力等又该如何解释呢？

和过去一样，这个重担落在了当代原子论者的肩上。我们甚至知道他们永远也无法解释清楚这个问题，不是因为问题本身太过复杂，而是因为原子论根本不具备这个能力。

直到今天，在面对关于原子论的质疑时，自然科学家依旧会坚决抵抗，因为他们一如既往地坚信还原论，即世间的一切都可以通过将其拆解到最小组成部分，并研究最小组成部分的属性来解释。

还原论并不是永远成立，因为我们的世间还存在一个被称作"涌现"的现象。

什么是"涌现"？

"涌现"并非最近才有的概念。在自然科学的历史长河中，"涌现"一词曾经反复出现。有趣的是，这个概念最早是由亚里士多德提出的，他的原话是"整体大于各个部分的总和"。

这句话的意思是说，整体的某些特性可能会与各组成部分的特性都不相关。

在这里举三个例子：水是湿的，但水分子却不是；雪花的对称性无法借助水分子的对称性来解释；爱情、恐惧、自信等情绪无法通过神经元的交互作用来解释——尽管我们明白，这些情绪以神经元的活动为基础。

多者异也

还原论并非永远正确，在复杂的系统中，总会出现一些新的、借助"涌现"产生的特性。针对这个观点，以及"还原论"与"涌现"背后的一系列问题，诺贝尔物理学奖得主菲利普·沃伦·安德森（Philip Warren Anderson）在1972年专门写了一篇名为《多者异也》的文章，这篇文章堪称经典。

以下是我参照经济学家杰弗里·戈尔茨坦（Jeffrey A. Goldstein）的观点为"涌现"下的定义：所谓的"涌现"就是永久性的结构或特征的产生，这些结构和特征并非来源于某个组成部分的特征，而是在复杂系统的自身进程中，通过其组成部分的交互作用产生的。

"涌现"原理的关键，并不是我们无法通过拆解的方法来研究这个世界，而是每到一个更复杂的层面，新的特征都会产生，而我们无法依靠之前的特征来解释这些新特征。因此，要想明白意识如何产生，解码人类的 DNA 是没有意义的，这种方法不会奏效。

同样的道理，我们无法通过解码 DNA 来揭示人类繁多芜杂的性格特征，比如自信、自负、任性、无私等，尽管绝大多数性格特征注定会受到基因的影响，并且可以遗传。

因此，在每一个复杂度不同的层面上，我们都有相应的学科，例如万原子物理学、化学、生物学、心理学等。这些学科都不是从某一个其他学科中衍生出来的，比如心理学并非"应用生物学"，而生物学也不是"应用化学"，它们中的任何一个也绝非"应用原子物理学"。

我们根本不可能借助物理学的基本定律来推导出整个世界，尽管世间的很多现象都能体现这些定律，例如万有引力定律、牛顿定律、爱因斯坦场方程、麦克斯韦方程等。

(33) 相同的客体何时才真正相同？

两个客体什么时候会具有自己的特点，什么时候又是完全一样的？这个问题已经困扰了哲学家好几百年。

问题的答案可能会有点儿无聊，然而自然界却为我们准备了一份惊喜。

我已经活了 64 年有余，借助记忆，我能回想起之前所有的时光，直到 4 岁为止。如果有人要拿我刚出生时的照片同我青少年时期以及现在的照片作对比，他可能会怀疑照片里不是同一个人。

　　但我可以证明这些都是我本人的照片。我的出生证明上有我的名字：Ulrich Walter，这张证明上还写着我于 1954 年 2 月 9 日出生在伊塞隆，以及我父母的信息。出生证明同我现在的身份证和护照加在一起，就足以证明我多年来的身份了。

　　这个例子证明，我们无法将一个人的身份同他的特征联系起来，而是要接受同一件事物发生的改变——比如一个逐渐老去的人依旧拥有自己的身份，即便我在余生中失去了一根手指，甚至一只手臂，可我依旧是我。

　　但这个唯一的身份有没有极限呢？如果我们将一个人的头部和身躯分离，并借助人工手段让两个部分同时存活，此时会不会出现两个身份相同的人？

一定不会！从直觉上看，我们最多只能认可拥有理智的那一部分（也就是头部）继续保留此人的身份。

两年前，我家门前街道拐角处的一棵大树被砍倒了，地面上只剩下了一个树墩。此时这个树墩还是我之前熟知的那棵树吗？肯定不是了。今天，这个树墩又生出了一段旁枝，或者说是一段瘦弱的树干，它又会变成一棵新树。这棵树还是之前的那棵树吗？如果不是的话，那我们在砍树的时候应该砍到哪个部分，才能让新长出的部分依旧属于之前那棵树呢？这个界限又在哪里呢？

忒修斯之船

来源于古代的"忒修斯之船"与我之前讲的"树干悖论"颇为相似。在普鲁塔克撰写的希腊神话中，忒修斯是希腊人的大英雄，他从克里特岛上的牛头怪米诺陶洛斯手中夺回了雅典，让这座城市得以摆脱牛头怪的统治。功成名就之后，忒修斯驾驶着自己的战船回到了雅典。出于感激之情，雅典人几百年来一直都在用新的木头替换船上腐朽的木头，从而让这艘战船一直处于可用的状态。这便是"忒修斯之船"的传奇故事。

古代哲学家争论的问题是：这艘船在更换了木板之后还是忒修斯的船吗？还是已经成了一艘别的船只？

17 世纪英国哲学家托马斯·霍布斯（Thomas Hobbes，1588—1679）的假设让这个问题变得更加尖锐。他提出，如果不扔掉换下的木板，而是用这些木板拼接出一艘新船，这样在更换完旧船所有木板之后，人们就有了两艘战船——但这两艘战船的身份是一致的吗？最重要的是，究竟哪艘船才是原始的"忒修斯之船"呢？

所有这些"身份问题"其实都不是真正意义上的问题，而是我们狭隘思维的写照罢了。上面这类身份问题之所以会出现，恰恰是因为我们认为世间的每件事物都必须属于某一个"抽屉"，但我们的世界却并非如此。

宏观上来看，世间一切客体的身份都是流动的。这一点不仅适用于战船和树木，而且同样适用于人类，当然也包括我自己。尽管法律层面的身份在我的有生之年都不会变化，但每一次伤痛，以及每一个能够改变我的神经元形态，进而影响到我内心想法的新观念，都会让我的身份发生改变。

这便是哲学家赫拉克利特（Heraclitus）所主张的"万物皆流"。

双重身份带来的问题

这类身份认知的问题还抛出了另一个问题：两个完全一样的东西真的是相同的吗？

根据经验，我们的回答会是"不"。即便两个东西看起来完全一样，但它们之间肯定存在一些微小的差异，正是这些差异让它们拥有了属于自己的身份。一枚欧元硬币不可能和另一枚完全一样，即便它们都是刚刚铸造出来。就算世间存在两个完全一样的东西，我们也可以利用其不同的地理位置来将它们加以区分，比如一枚硬币在我左边，另一枚在我右边。这一点也支持了我们的猜测：世间万物都永远会拥有一个属于自己的身份。

哲学家千百年来都坚定地信奉着这个逻辑，他们甚至为这条原理起了一个专门的名字：不可分者同一性原理（principium identitatis indiscernibilium）。该原理的内容是：两个真实的客体如果不是同一个客体，那它们之间至少有一个可以被观测出来的差别，或者换个角度来说，辨识不出差别的客体就是同一个客体。

早在古希腊古罗马时期，斯多葛学派的哲学家就已经知晓了这条原理。

三大经典思维原理

由于该原理具有很强的基础性，所以它已经成为"三大经典思维原理"之一。这三条原理分别是：

1. 不可分者同一性原理；

2. 矛盾原理（一个说法不可能同时既正确又错误）；

3. 排除第三种情况原理（一个客体要么存在，要么不存在，没有第三种可能）。

而"充分理由原理"（没有什么东西可以无理由而存在）则不属于经典思维原理。这条法则是由莱布尼兹（Leibniz）最先提出的。

这些思维原理都是公理，即无法被继续证明的说法。古代哲学家，以及绝大多数近代哲学家都承认这些公理的正确性，因为它们都符合逻辑。我们今天知道，不可分者同一性原理并非永远成立，它其实是错误的。换句话说，这个世界上存在着相同的东西，它们的相同程度高到令其无法被区分，高到彼此完全一致。这听起来有些不可思议，但事实的确如此。

在量子的世界，相同的客体就是一样的

在量子世界中发生这样的事情并不稀奇，因为量子世界中的很多现象都不符合我们的逻辑。这个世界中包含了广为人知的基本粒子，这些粒子的特性是完全相同的。

以电子为例。所有电子都拥有完全一样的质量、正电荷以及自旋特性。我们只可能（但不是一定能）借助电子在外磁场作用下的偏转方向来区分电子。任何种类的原子都是完全由基本粒子（质子、中子、电子）构成的粒子。因此如果从外部来观察，那么所有的氢原子都是相同的，而由原子组成的同种分子亦是如此，比如某一个水分子（H_2O）就和其他水分子完全相同。

可能有人此时会想喊停，认为这种说法不对，觉得我们可以在某一个时间点依照原子的位置来进行辨别，并对每一个原子进行标号，然后这些原子就有属于自己的"身份"了。然而这在量子物理学的范畴内是办不到的，因为所有的基本粒子、原子和分子都没有一个准确的位置，它们的出现只能依靠波函数来推断。波函数的值会表明一个粒子在不同位置出现的可能性，我们一般会将该粒子最可能出现的那个点称为粒子的"位置"，然而随着时光的流逝，波函数之间也会互相影响，直到我们无法判断最先观测的电子在哪里为止。因

为所有同样的粒子都会依照波函数来运动，所以它们会彼此重叠，如果我们过一段时间再拿出一个粒子来研究，那我们根本就没法知道这个粒子是之前的哪一个。在量子世界中，粒子的位置会在极短的时间之内变得无法识别。①

可能有些人会觉得这种说法只是一个思维游戏而已，对我们的世界而言毫无意义。然而事实并非如此，粒子的这种属性会引发重要的后果。

假如我面前有一杯纯水，那么这杯水的能量是由它的熵决定的，即其内部完全相同的水分子的无序程度。如果这杯水静置的时间够久，其内部的原子会有最高的无序度，也就是最高的熵；熵越高，说明能量值越低。如果我再往这杯水旁边放同样的一杯水，并让两杯水之间的杯壁消失，那么这杯体积增大一倍的水会由于拥有完全相同的分子而继续拥有最高的熵及最低的能量。但如果我把一杯水和一杯重水（重水中的氢是以氘原子的形式存在的，所以它与普通水的化学性质完全相同）放在一起，那么这两种稍有差别的液体便会

----

① 可能有些读者会认为我们无法精确测定微观粒子的位置，是由我们的仪器不过关造成的；如果未来某一天人类的技术大幅提升，也许我们就能做到精确测定了。这种观点非常符合我们的直觉，因为根据以往经验，当我们测不准某个物理量时，我们往往会首先认为是技术不够，如果有朝一日技术水平提升了，我们就能测准了。但是这一次微观世界的测不准却是真正的测不准，这要归因于微观世界的内在属性，即量子力学的不确定性。我们必须要改变固有的惯性思维，要认识到微观世界本身就是不确定的。测不准微观世界，并非仪器使然。——译者注

融合，从而提升其熵值，令整杯水的能量降低，这种能量变化是可以被测量的。

在经典力学系统中，即一切都可以依照"不可分者同一性原理"加以区分的系统中，我们无法理解这种能量差异，因而只能将其称作"吉布斯悖论"。只有明白了基本粒子及同种类型的原子彼此间完全相同的道理之后，我们才能解开"吉布斯悖论"。

34

难以想象的思考

突破思维极限的思考能力是可以学习的，最好的方法是借助例子来训练自己。

类似《大爆炸与永恒——头脑中的大爆炸》一章中的思维盲区还有很多，尤其是在宇宙学领域。只有我们突破自己的思维极限，想出一些让我们自己都觉得不可思议的元素时，我们才能战胜这些思维盲区。

　　这里有个很好的例子：请用木头做一个四方块，这个四方块需要由两个大小相同的、可拆卸的部分组成，样子如图所示。

　　很多人看到图的第一反应肯定是：做不到啊！但这幅图

片却并非合成，而是真实拍摄的。有些人会在此时突然愣住，开始自言自语："奇怪了，这是怎么做到的？这两个燕尾槽怎么可能十字交叉？"

他们的思维节点恰恰就在这里。只需要一幅剖面图，我们就能解开背后的谜底，见下图。

超光速与爱因斯坦理论矛盾吗？

宇宙学中存在很多类似的思维盲区。有些人认为宇宙中没有什么能够超光速运动，因为这不符合理论逻辑。一旦得知宇宙中有很多遥远的星系正在以超越光的速度远离我们时，他们一定会不可避免地感到困惑。这种超光速现象，该如何借助理论来解释呢？

出现超光速现象的原因在于两个场景之间存在差别。依照爱因斯坦 1905 年提出的狭义相对论，没有什么物质能超光速运动。然而这个理论包含了一个很容易被人忽视的限制条件。我们必须这么理解狭义相对论："在外部观察者的眼中，宇宙中每个有质量的物体都无法在某个空间中超越光速运动，然而那些没有质量的物质却只能以光速传播。"

当然，光子也属于没有质量的物质之一。

这里的思维盲区有两个，一个是"在外部观察者的眼中"，另一个是"某个空间"。如果不是外部观察者测量物体的移动速度，而是物体本身测量自己在某一场内的移动速度，那情况就完全不同了。比如宇宙飞船中的我，可以用星体或星系作为参照物，从而测量我的移动速度。这个自我感知的速度在狭义相对论的框架中是可能大于光速的，甚至可以无穷大。

事实上，我本人的感知才是唯一与我相关的因素，所以爱因斯坦的相对论其实一点儿也不相对，而是相当绝对——爱因斯坦本人也曾经这么说过。

"相对"这个词指的是速度不能独立存在，而是只能在以其他物体为参照的情况下测量。"相对"指的并不是测量点的相对，这是我们经常听到的误区。相对论中包含了一个经典的绝对概念，它就是观测者所在的系统，即所谓的"参考系统"。

如果空间本身可以移动

另一个思维盲区则是"物体在空间中移动"。但是如果空间本身也在移动呢？在广义相对论中，爱因斯坦已经确定了空间是弯曲的，并且是可以移动的。

在《黑洞历险记》中的《弯曲的空间——宇宙的形状是什么?》一章中，我描写了球形宇宙的弯曲究竟会带来哪些效果。空间的移动性意味着其既可能延伸，也可能收缩，这都会让空间中的物体经历距离的变化。

事实上，从效果上看，这些延伸或收缩的过程等同于物体之间距离的变化。如果我观察到一个星系正在朝着远去的方向运动，那我并不能确定是星系正在以我观测到的速度离我而去，还是星系本身并没有运动，而是我们共同存在的空间正在以这个速度延伸。

如果宇宙空间的每个角落都在以同样的速度延伸，正如我们知道的那样，那么一旦某个与我距离为 x 的星系正在以某个速度离开，那么同我距离为 2x 的星系则一定会以 2 倍的速度离开，同我距离为 3x 的星系的运动速度则是第一个星系的 3 倍，依此类推。

这么一说，一切就都好解释了：无论宇宙延伸的速度是多快，宇宙中一定存在一个距离，在这个距离之外的星系注定会以超光速的速度离我们而去。如果这样一个星系发射了光芒，那我们当然永远也无法接收到这束光芒。这个极限距离也被称为"观察极端"。一切位于观察极端之外的物体，我们都看不到，也注定永远无法看到。

如果我们周围的一切突然变得黑暗

更糟糕的是，因为宇宙空间的延伸速度在不断加快，所以我们的观察极端也会变得越来越近，至于我们什么时候无法看到离我们最近的那条银河，甚至是离我们最近的那颗星体，则完全取决于延伸速度的增幅。

依照我们人类目前的认知，这一切真的会发生；早晚有一天，我们周围的一切都将变得昏暗。早晚有一天，宇宙延伸的幅度会剧烈到将我们的身躯延展并撕碎。这便是著名的"大灭亡理论"。我们目前还无法确切地知道这一天何时来临，但目前没有什么证据能证明这一切不会发生。唯一可以安慰我们的是，这个世界末日会在几万亿年之后才会到来，所以，请不要怕！

35

幸福生活指南 Ⅰ
——什么是幸福？

我们如何才能幸福？生活的意义是什么？我想同你
分享一部源自科学和哲学的袖珍幸福秘籍。

从本质上来说，道理其实很简单：只要有喜欢做的事情，我们就会感到快乐。

　　先看一个有趣的例子吧：在 2013 年的一项研究中，调查人员在全球范围内访问了女性的喜好。其中一个问题是：你宁愿一周没有性爱，还是一周不用手机？

　　总体结果表明，女性更倾向于选择没有性爱，这个比例为 51%。但答案体现出的国度之间的差别却十分有趣：在美国，57% 的女性宁可一周不做爱，但在法国却只有 40% 的女性会这么选择，来自德国的数据是 46%。说白了，女性觉得智能手机和性爱同样重要，当然最好两个都有，所以有些女人甚至可以一边做爱一边玩手机。

　　当然这个问题并不能说明女性乃至全人类的普遍幸福指数。为此，我们需要两个要素：首先我们必须将幸福变得可以测量（科学的说法是"量化"），其次我们要获得影响幸福指数的要素。

实证类科学研究其实已经完成了上述两项工作。实证研究只会研究客体的属性，而不会研究客体为什么会拥有这类属性。当然，对于幸福研究而言，这已经足够了。

幸福指数

我们如何才能将幸福量化呢？有一种方法简单易行，而且适用于所有针对主观感受（学名为"感质"）的研究。我们需要一个 10 分制的等级量表，然后询问他人如何用表中的数值来衡量自己的感受。

德国邮政 2017 年的调查显示，德国人的平均幸福指数为7.07，我们就简单地记成 7.0 吧。虽然这个数据本身很有趣，但比这更有趣的是人和人之间的幸福指数差距，以及影响我们幸福指数的因素。

幸福的基数

针对幸福的实证研究告诉我们，每个人都有一个属于自己的幸福基数，这个基数会陪伴他一生，并且波动幅度非常小。但谁又能想到，这个数值居然是由基因决定的呢？有些人会坦然接受人生中的现实，他们的脸上永远挂着微笑，但也有些人心情永远不好，仿佛世间的一切都无法令他们感到满意。

鉴于这一点，我创造了一个用来衡量幸福指数的假设：

幸福 = 我的真实生活 / 我期待的生活

这个可以利用数学原理来分析的假设，虽然没有得到科学证实，但却可以解释一些事情，比如每个人不同的幸福基数。我们往往无法在很大程度上改变生活的实际情况；很多事情，不管是好事还是坏事，都会猝不及防地出现在我们面前。我面对这些事情时的情绪，取决于我对生活本身的期待。如果我的期待值很高，那么在生活条件不变的情况下，我的幸福指数就会降低；相反，如果我对生活的期待值较低，那我的幸福指数就会上升。

基因会决定一个人对生活的期待，那么在生活条件相同的情况下，基因就会决定一个人的幸福基数。所以，快乐生活的第一条准则就是：拿得起、放得下，不要期待太多。

幸福要素

哪些因素能够长久地改变我的幸福指数呢？

或者我们换个问法：在寿命不变的前提下，我该拥有什么才能让自己过得更快乐呢？

早在古希腊时代，亚里士多德便已经为我们列出了若干重要的幸福要素：财富、健康、尊严、享乐和教育。然而过去的实证研究表明，长期来看，这类要素对幸福指数的影响只有 ± 0.5，不会再多。因此，幸福基数本身才是最重要的！

虽然这些幸福要素放到今天依旧适用，但其作用却比我们想象的要复杂得多。下一章我们来仔细探讨一下，金钱究竟能否为我们带来快乐。

36

幸福生活指南 Ⅱ

——钱能带来幸福吗？

有人说，金钱能令人快乐。真的吗？原则上说是这样，但是……

下面是袖珍秘籍的第二部分。

"钱能让人快乐吗?"

这个问题的答案是:原则上可以。世界幸福指数地图显示,居民的幸福度与其财产情况存在正向关联(关联度为0.51),和金钱差不多的因素是教育程度(关联度同样为0.51),而最重要的幸福因素是健康(关联度0.62)。

诸多迹象表明,让我们快乐的并不是金钱本身,而是金钱带来的良好生活条件。金钱本身虽然也能让人快乐一下,但这种快乐是暂时的。

彩票就是很好的例子。一旦买的彩票中了奖,我们的幸福指数一定会瞬间爆棚。然而相信很多人都知道,大约1年之后,中奖者的幸福指数就会回落到之前的基准值上,从这时起,中奖者的幸福程度便会和中奖之前持平,这便是著名的快乐水车效应。

满意度悖论

这架快乐水车也会向相反的方向旋转。那些经历了命运打击的人，比如失去了一部分肢体的人，虽然在起初阶段会很不快乐，但大约 1 年之后，他们的幸福指数便会恢复到之前的基准值。这种心态的转变导致了"满意度悖论"的出现。

正如老年学研究者克莱门斯·泰斯－鲁默尔（Clemens Te-sch－Rmer）教授所说："随着年龄的增长，我们的机体会出现各种问题，客观上来看，这必然会影响我们的生活质量。"

然而尽管如此，绝大多数老年人对生活依旧比较满意，甚至非常满意，而且知足者的比例会随着年龄的增加而上升。

这个有趣的心理学现象彻底颠覆了我对"拒绝心肺复苏术"的认知。如果今天的我认为半昏迷状态的人生是不值得坚持的人生，并且愿意签署一份法律文书来拒绝一切维持生命的医疗措施，那我怎么知道自己到了半昏迷的时候还会有着同样的想法呢？那时的我，也许会欣然接受自己的状态，内心的幸福感可能会让我拥有继续活下去的勇气。

但有一种例外会让我们无法适应自己的命运——长期剧烈的疼痛。没有人能习惯这种没有尽头的剧痛，所以我们也不必好奇，为什么那些忍受病痛的人会想要结束自己的生命了。

金钱本身并不能带来快乐

1997 年的一项调查已经清晰地证明了这一点。

调查的参与者需要在两个世界之间做出抉择：在第一个世界中，居民平均年收入为 2.5 万欧元，而参与者本人的年收入则为 5 万欧元；在第二个世界中，居民平均年收入提升到了 20 万欧元，但参与者本人的年收入却"只有"10 万欧元。假设两个世界中的物价和货币购买力完全一样，那你会选择生活在哪个世界呢？

调查结果有些不可思议：尽管收入低了一半，但还是有 50％ 的参与者选择了第一个世界！

人就是这样。金钱本身不足以让我们快乐，我们一定要比别人有更多的钱才行。这也解释了为什么西方社会中很多人奋斗的目的，就是能比邻居挣更多的钱、开更好的车、住更漂亮的房子。

37

幸福生活指南 Ⅲ

　　如何才能和爱人一起开心地生活？如何才能找到适合自己的工作？

　　下面是袖珍秘籍的第三部分。

尊重你的爱人

对于幸福而言，健康虽然是最重要的因素，但相关研究表明，社会环境同样会在很大程度上决定我们的幸福指数，比如你和爱人的关系是否美满。

市面上关于夫妻关系的书籍可谓汗牛充栋。但其中最核心的内容莫过于：要想维系一段幸福、长久的夫妻关系，彼此尊重绝对是最重要的一点。在探讨问题的时候，夫妻间的一个微笑便是尊重的信号，这会心的一笑胜过千言万语；而撇嘴、翻白眼等动作则是明确的轻视信号，这种轻视会像硫酸一样腐蚀爱情。

不要争论

是去克里特岛度假还是去科西嘉岛度假？相信你肯定也经历过这类争执吧。

感情理疗师得出的结论是：年轻的时候可以争执一下，结婚之后就别再争了！这种争论已经毫无用处，因为相处了这么多年之后，夫妻双方都已经对彼此的论据了如指掌。我们为什么还要不断重复自己的论据呢？这时，唯有转换话题才能救场！

慕尼黑大学的情感研究专家曾说过："矛盾会在婚姻中出现，并不是为了让我们解决它们，矛盾更希望获得我们不间断的关注与呵护。"

矛盾甚至还存在积极的一面：尚未解决的矛盾能将夫妻二人凝聚在一起！

你又被对方伤人的话搞得心烦意乱？忽视这些话吧！我们可以学学那些正在互相追逐的年轻情侣，他们的做法才是正确的。在追逐的过程中，小情侣会忽视对方那些有杀伤力的评论，而是更专注于对方积极的评论。然而一旦结婚，双方的关注点便会反转——这便是导致两个人关系疏远的原因。只有坚持忽视对方的消极评价，两口子才能白头偕老。

社会环境与工作

有没有可以彼此分享人生的好朋友？邻居会不会主动伸出援手？

对于女性而言，这些都是重要的幸福因素。然而对于男性而言，工作环境才是至关重要的幸福因素。2015年的幸福指数地图显示，有工作的男性平均幸福指数为7.1，而没有工作的男性却只有6.0——这简直是天壤之别。对于高学历的中年男性而言，这个差别尤其明显，因为无所事事会令他们承受丧失自我价值的挫败感。

如何找到适合自己的工作

相反，一项充实的工作绝对能带来非凡的人生意义。因此，人生幸福不幸福、有没有意义，很大程度上取决于工作能否给人带来快乐。要想让自己的生活永远幸福，要想让自己的人生充满意义，找到那份适合自己的工作绝对是重中之重。家长能为孩子做得最有价值的事情，莫过于发现孩子的天赋（不管是哪种天赋），并借助教育对孩子的天赋进行适度开发。

我们如何才能找到适合自己的工作？下面是我个人的三条黄金法则，依重要程度排序：

第一，做那些让自己感到快乐的事。为什么？首先，还有什么比开心挣钱更美好的事呢？其次，只有对一项工作有兴趣，我们才能获得足够的动力克服工作过程中的艰难险阻，并付出自己最大的努力。时至今日，只有金字塔顶那最优秀的5%的人才能挣到钱，正如大发明家托马斯·爱迪生所说："天才就是1%的灵感加上99%的汗水，但只有能从工作中获得快乐的人，才肯付出这99%的汗水。"

第二，做那些别人做不到的事情。道理很简单：如果我干的活儿别人也能干，那我的收入必然会打折扣。竞争注定会杀死报价。

第三，做那些别人愿意为之付费的工作。假设有一位艺术家正在从事一项快乐的工作，并开创了一种史无前例的绘画风格，但这种风格却没人喜欢，也没人愿意掏钱买他的画作，那他的心血又有什么意义呢？作为家长，你能为孩子做的最好的事莫过于发现他的强项和兴趣所在，并在他前进的道路上支持他。但请注意，在帮助孩子的过程中，请不要掺杂自己的观念，如果你能做到这一点，那你的孩子将来一定会生活美满、事业有成。

(38)

生命的意义是什么?

千百年来，哲学家都在为这个问题绞尽脑汁。想找到答案的确不容易，然而有些道理却是显而易见的。

"我存在的意义是什么？"

相信每个人都曾问过这个问题吧。无论我们向谁发问，收获的答案都会有所不同，当然，对方也可能只会尴尬地耸耸肩。

这对我们而言是一个警示信号。如果千万年来都没有一个人能给出明确的答案，那么问题本身就可能存在瑕疵。

刨根究底

让我们再来好好审视一下这个问题，并做个句式分析吧。首先研究一下概念：这个问题中存在两个抽象名词，即"意义"和"存在"（或者说成"生命"）。后者相对明了，"生命"即"存在于世"。那我们又该如何理解"意义"二字呢？其实"生命的合理性"在我看来是更为恰当的说法。通过分析各种答案，我们能总结出以下三种针对"合理性"的主流解读方式：

1. 我存在的原因是什么？我为什么会来到世界上？

2. 我存在的目标是什么？我的一生应当追逐哪些目标？

3. 什么样的人生才是有意义的人生？我该做些什么？我该如何表现？

信仰具有造就意义的功效

前两类问题均在宗教的范畴内。由于笃信神灵的存在和（或）相信更深层次的生命形式（如永生、圆寂等），人们会自然而然地将生命的意义同"原因"和"目标"联系到一起。

可以想象，为了能让生命拥有某种意义，一些人会相信神灵以及某些"更高境界"的存在。在我看来，这是能让人信奉神灵的最具说服力的理由了。

没有"原因"和"目标"的生命

问题本身也许并不存在。通过分析句式，我们发现"生命的意义是什么？"这句话暗含了一个前提，即"生命存在意义"，虽然它并没有出现在字面上。

但是，这个前提真的一定成立吗？如果不一定，那我们就得把问题提得严谨一点儿了："如果生命是有意义的，那它的意义又是什么？"

要想回答之前的问题，我们必须首先问问自己，生命是不是注定会存在某种意义。我们可能一拍脑门便说："存在！"

但是为什么生命一定就有意义呢？难道生命的存在就不能没有原因和目标吗？只因为人类的自我意识无法想象自己的不存在，所以我们就必须要找出理由来宣布自己存在的意义？只因为我们不能或不愿想象自己的死亡，所以灵魂便注定会永生？如果我的母亲没有嫁给我的父亲，而是和儿时的恋人结了婚，那我也就不会来到这个世界，那我的内心也就没有为生命赋予意义的强烈冲动了。

意外与生命的意义

为了简化问题，我们不妨假定世间所有个体生命的出现都是随机事件。我们之所以能来到世界上，是因为我们交了好运（或者走了霉运），而其他没有出生的个体则没有这个命。

如果是这样，那"生命的意义"这个问题还会存在吗？

我的答案是：依旧存在。因为我们还要关注之前提到的第三类问题："什么样的人生才是有意义的人生？我该如何行动，我该如何表现，才能让自己的生命变得有意义？"

尽管我们还没有得到确切的答案，但这个问题已俨然成了一条贯穿西方哲学的主线。然而，这个问题真的存在一个永远成立的正确答案吗？我不觉得。

德国哲学家弗里德里希·康巴特（Friedrich Kambartel）曾写道："生命本身具备属于自己的价值，谁能成功地做到为自己而活，谁就能真正感受到生活的快乐。更深层次的意义是不存在的。"

这个说法透露着一个有趣的信念：生活的重要目标之一是获得快乐。

这是一个古老的信念。很多古希腊古罗马时期的哲学家就已经相信，要想获得幸福，最重要的莫过于成功把日子过好。在过去的若干年中，这种观念也逐渐成了我的观念，所以我才花了这么多年来寻找快乐的原因。前面三篇关于"如何才能活得快乐"的文章便是我的研究成果。

是什么让生命拥有了意义？

关于生命的意义，最重要的研究成果是：一方面，生活的乐趣与职业会赋予生命意义；另一方面，让生命拥有意义的元素是爱。认为自己的生命没有意义的人，很多都在童年阶段缺乏爱与关怀。所以，生命的意义往往与幼年时获得的关爱息息相关。

无论我们处于哪一个年龄段，被爱的感觉都会让我们为能来到这个世界而感到开心。对于孩子而言，家长能做的另一件好事，就是把爱送给他们。

精致的享受

前面的观点我都赞成。但我最后还想补充一下昔勒尼学派创始人亚里斯提卜（公元前435—公元前360）的观点。他曾说过："要问生命的意义是什么，从哲学的角度来看，如果不考虑人的声望和尊严，那么唯一能令我信服的答案便是精致的享受。但我们必须注意，我们要能主宰快乐，而不为快乐所主宰。"这里，请注意最后一句。

享乐带来的快乐真的是通向意义的正确道路吗？在《从兴趣和快乐出发——针对享乐生活的思考》一书中，贝蒂娜·德绍（Betina Dessau）和贝努尔夫·康尼特谢德（Bernulf Kanitscheider）给出了肯定的答案。

除此之外，伟大的德国当代哲学家康尼特谢德教授还在他另一本更有哲学气息的书《失去魔力的世界——关于自身生命的意义》中强调："如果生命的确是有意义的，那么从绝对客观的角度来看，唯有享受生活才是生命的意义所在。"

对我们而言，生活也许并不是一场梦寐以求的聚会。但既然已经来了，那就干脆迈开舞步，尽情享受吧。